Tech
More

禽畜保健衛生

謝快樂等　編著

謝快樂
學歷／美國麻薩諸塞州立大學哲學博士
經歷／國立中興大學獸醫學系特聘教授兼系主任

王俊秀
學歷／日本獸醫畜產大學獸醫學博士
經歷／國立中興大學獸醫學系教授
　　　兼獸醫教學醫院院長

馮翰鵬
學歷／西德慕尼黑大學獸醫博士
經歷／國立中興大學獸醫學系教授
　　　兼獸醫教學醫院院長

楊忠亮
學歷／國立台灣大學獸醫學士
經歷／國立中興大學獸醫學系副教授

李維誠
學歷／英國愛丁堡大學獸醫病理學研究所哲學博士
經歷／國立中興大學獸醫病理生物學
　　　研究所教授兼所長

沈瑞鴻
學歷／國立中興大學獸醫學博士
經歷／國立中興大學獸醫學系教授

徐慶霖
學歷／國立中興大學獸醫學碩士
經歷／國立中興大學獸醫學系講師

東大圖書公司

編輯大意

一、本書提供對禽畜保健衛生有興趣的讀者學習之用。

二、本書力圖以流暢之文字，闡明禽畜保健衛生有關各範疇所需之技
　　能，期能循序漸進，使讀者能得到最佳之學習成效。

三、本書在編輯、印刷等處均力求精美，如尚有疏失之處，尚祈各界
　　先進不吝指正是幸。

禽畜保健衛生（二上）

目次

編輯大意

第 8 章　普通疾病

第 9 章　傳染病

第 8 章　普通疾病

◆ 8-1　家畜保定法 ◆

　　進行一般檢查以前，醫護人員首先應向飼養人員了解病畜的性情，比如有無咬、踢等惡癖及抗拒接觸的習慣。檢查時要一手抓住韁繩，一手輕拍頸部或要檢查的部位附近，不可粗暴、急躁，以免病畜驚恐，同時態度要堅定，動作須明確。如果病畜性烈或檢查部位會產生劇痛，就必須進行保定。現就馬、牛、綿羊、豬、犬及貓的各種簡易保定法介紹如下。

8-1-1 馬的保定

　　馬，由於其體型、力氣及敏捷性，是具有潛在危險的動物，因此不能用人力保定，必須利用其本身的特性來加以控制。由於馬長期與人類相處，似乎能夠判定操作者的信心是否足夠，所以當人接近馬匹時，態度應該沉著冷靜，說話時也要輕聲細語。接近馬匹時可從左側接近，將手放在馬匹的肩部或側面，並溫和地撫摸馬匹，但不可輕拍，以免馬匹受驚。

㈠套頭

　　給馬套頭時，左手拿頭套，右手接近馬的左側肩部，並輕輕地撫摸其頸部，再溫和平靜地接近頭部。過程中要不斷向馬打招呼，然後左手拿頭套接近頸部下方，將頭套滑過馬的鼻端，同時在左側加扣（圖 8–1）。除此之外，亦可以使用繩子所做的簡易頭套（圖 8–2）。

▶ 圖 8–1　頭套示意圖

▶ 圖 8–2　繩子製作簡易頭套之示意圖

　　另一種較嚴厲的頭套是軍用馬勒，但若使用恰當就不會傷害到馬匹，其原理是使馬的頭部產生轉移性疼痛，分散馬的注意力。直徑 2 公分左右的繩子都可以用來做這種馬勒。繩子繞過馬耳後面，在牙齒與上唇之間的上方套成一個圈，然後拉緊（圖 8–3 ❶）；或者先繞下頜作一起始圈，再繞頭頂一大圈，回到下頜對側，穿過起始圈。繩子拉得愈緊，下頜區愈痛，這是另一種建立轉移性疼痛的辦法（圖 8–3 ❷❸）。

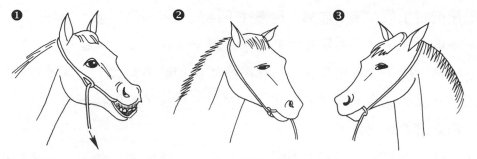

▶ 圖 8–3 　軍用馬勒頭套示意圖

㈡鼻捻子 (twitch)

鼻捻子是現存最古老的轉移疼痛保定法，也是現在對馬最通用的保定方法。鼻捻子不應該長時間使用，因為感覺神經麻木就不會再引起疼痛。使用鼻捻子時既不可以弄破馬的皮膚，也不應損傷唇部。鼻捻子不該用在耳部，因為可能破壞外耳軟骨、損傷肌肉或神經，造成動物外形永久性缺損。金屬接合式鼻捻子是一種比較新的款式（圖 8–4 ❶），可以夾在頭套上，不需要另一個人幫忙拿。最安全的一種鼻捻子是一支有孔的柄和軟棉繩做成的環，使用時扭轉繩子壓迫唇部，通常不會弄破皮膚（圖 8–4 ❷❸）。

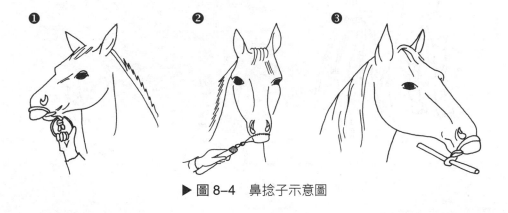

▶ 圖 8–4 　鼻捻子示意圖

使用鼻捻子時，先將右手套進環內，繩子放在第三和第四指之間。

然後把右手放在馬的前額，慢慢往下撫摸到馬的鼻唇部，接著迅速、牢固地抓住上唇，再用左手把繩子或鏈子套在唇上。繼續抓住上唇，左手轉動鏈子接近馬鼻孔，扭轉鼻捻子直到壓力夠大，並讓馬維持局部有痛感。在尚未用其他方法保定之前，鼻捻子應保持不放。

㈢綁尾帶 (tail-tie)

綁尾帶是在馬尾牢固繫繩的一種方法。馬尾極為強韌，幾乎能夠承受整匹馬的重量。可是不能把尾繩拴在固定物上，因為可能會把尾毛拉掉。打結時應照下述方法進行（圖 8-5）：把繩子放在尾椎下方的尾毛上，然後在尾椎末端的位置把尾毛向上疊，形成一個尾毛環。繩子的游離端繞此環轉一圈，使其形成一個繩套，將此繩套放入尾毛環內，留下長度夠長的游離端，在必要時作為解開綁尾帶之用。綁尾帶在後述的很多保定方法中都會使用到。

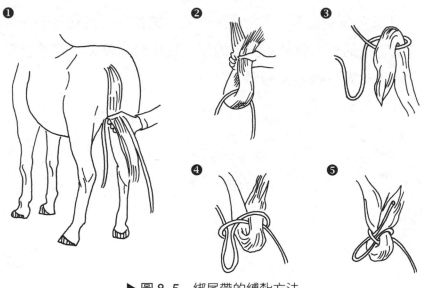

▶ 圖 8-5　綁尾帶的縛紮方法

㈣提舉前肢 (raising the front leg)

　　大多數的馬匹不會反抗管理者提高蹄部，但應避免馬匹在提肢時把身體靠在管理者身上。提肢時，一隻手放在馬的肩部，另一隻手在前肢後側向下摸，直到可以抓住馬的距毛或骹關節。在馬肩部的那隻手應該推壓，使馬的重心移向另一邊的前腿上。當重心移向另一隻前腿後，提起骹關節或把掌部推向前方，如此就可以提起馬蹄。

　　為了方便檢查，可以採用繩子提蹄的方法，先在馬的骹關節拴個環，接著把繩子的游離端經過鬐甲、繞過頸部，再回來穿過該繩，然後由助手拉著（圖 8-6）。

▶ 圖 8-6　繩子提蹄示意圖

㈤提舉後肢 (raising the rear leg)

　　很多學生害怕馬的後肢，但是馬的後肢也可以提起，而且就和處理前肢一樣容易。在這裡只描述左後肢的提舉，如簡單地換過對側的手，同樣可以施行於馬的右肢。操作者首先從馬的左側肩部接近，並撫摸其腹側和鬐甲，直到左手放到馬的臀部，右手平穩地向下摸到後肢的跗關節和跤關節。這時把後肢往前拉，左手同時用力往內推，迫使馬的體重移向右後肢，其左後肢將會向前方、上方移動而彎曲跗關節和跤關節。完成這個動作之後，操作者上前一步，把馬後肢放到自己的左側大腿上，同時把蹄放在兩膝的位置。操作者兩腳分開站穩，兩膝並在一起成為馬跤關節的支架，右臂靠在跗關節上，把馬的體重穩定落在右後肢上。

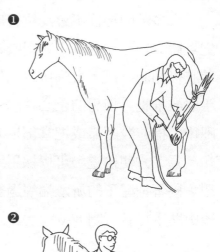

　　後肢繩子保定法對長時間操作是有用的。先在馬尾上打結，然後留下一段長度足夠的游離繩，提起後肢並把繩子繞過跤關節，上行至跗關節內側，直至臀部上方。一位助手站著拉住該繩，或者把繩子通過鬐甲並圍

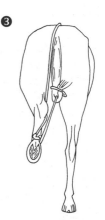

▶ 圖 8–7　以繩子提舉後肢的方法

繞頸部打結（圖 8-7）。可是就如同提舉前肢時一樣，將繩子打結是很
危險的。

8-1-2 牛的保定

　　許多牛的保定方法是根據環境條件、牛的年齡和性格、手術需求、
可供使用的設備等而設計出來的。按照一般的規律，肉牛比乳牛需要
更嚴格的保定措施，因為牠更不習慣被觸碰。保定牛最常用的是物理
方法，配合物理保定法應用安定劑和鎮靜劑常常是有用的，但使用時
要慎重。

㈠頸枷保定 (chutes)

　　頸枷保定是利用窄欄進行保定的方法。擠壓窄欄有很多種，其中
一種主要用於草原的牛群。以窄欄控制牛的方法，大多數是有效且安
全的，但是運用這種方法建造窄欄時有兩件事必須注意：不能讓牛跌
倒和阻塞窄欄。如有合適的頸架和保定架，也能有效用於檢查和外科
手術（圖 8-8）。

▶ 圖 8-8　頸枷保定使用的窄欄示意圖

㈡旁繩套索 (rope side-line)

當沒有合用的窄欄或保定架時，可以採用旁繩套索將牛靠向柵欄保定。牛頭綁緊在堅固的柱子上，以一個不會滑動的繩套裝在牛頸上，將繩子沿著牛體一側拉向後方，繞過後腿並綁在另一根柱子上。接著將牛緊靠在柵欄上，以限制其前後左右擺動。另一繩索在髖結節前環繞腰窩並拉緊，可以很有效地避免牛隻蹴踢（圖 8–9）。

▶ 圖 8–9　旁繩套索示意圖

㈢控制尾巴 (tail-hold)

將牛尾筆直向上背曲，可以簡單有效地轉移牛的注意力。控制牛尾可以避免牛隻蹴踢或前後左右搖擺（圖 8–10），此法也常與牛鼻鉗牽拉一起應用（圖 8–11），是進行小手術時可靠的保定方法，在處理乳房或從尾靜脈採血時尤其管用。但是操作者抓住牛尾時必須小心，因為牛尾不及馬尾強韌，如果施力過當，也可能折斷。

▶ 圖 8–10　牛尾筆直向上背曲示意圖

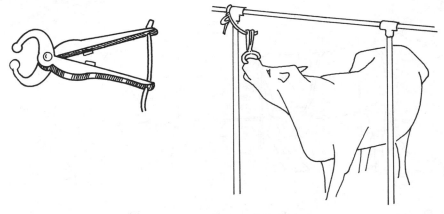

▶ 圖 8–11　牛鼻鉗及其使用示意圖

　　牛一旦倒下，牽扯力必須保持至腿部並保定好。兩前蹄最好用一條繩索綁在一起，向前牽引；兩後蹄以同樣的方式綁在一起，向後牽引。這麼做的好處是可因應操作者的習慣和不同的手術需求，對牛進行仰臥或側臥保定。如果牛仰臥，最好斜倚在柵欄、牆壁或乾草包上，藉以支持體重。

　　當放倒大公牛或貴重乳牛時，用繩子圍繞腰窩打半結有一定的危險，因為可能損傷公牛的陰莖、母牛的乳房或乳房靜脈。這時可考慮其他方法，包括使用馬型倒馬具，或採用 D. R. Burley 設計的方法：將繩子中央橫置於牛的肩峰，末端向下通過前腿間，先在胸下交叉，再返回背上交叉，接著繩子末端向下，從兩後肢內側、陰囊或乳房外側向後通過（圖 8–12）。繩子兩端保持平穩的拉力，直至使牛倒下。用這種方法保定牛的四肢，比上述使用半結控制牛的方法略為困難。

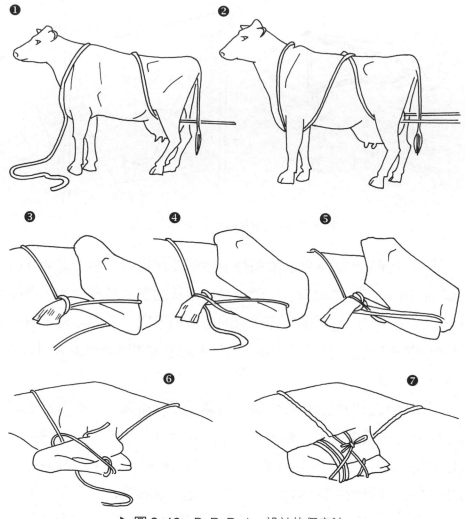

▶ 圖 8–12　D. R. Burley 設計的保定法

㈣手術臺 (operating table)

　　液壓式 (hydraulic) 手術臺可用於牛橫臥保定，特別是對包括蹄在內的手術，提供了理想的方法。將母牛或公牛保定在手術臺的操作方法與馬相似：先用頭絡繩、肚帶將牛保定在直立的手術臺旁（內側肢也要保定），放倒手術臺後，再將牛的四肢牢固地綁在臺上。某些牛需

用安定劑，但大多數的牛都能耐受手術臺保定。未被麻醉的病牛即使進行長達一個多小時的手術，瘤胃內容物的逆蠕動和膨脹也不會是問題。但這並不代表手術時沒有任何危險，特別是在麻醉的情形下更要時常留意，一旦有併發症發生，要及時採取措施。

　　要從手術臺上放開牛時，先鬆開上側肢，等手術臺傾回直立位置，再將內側肢及頭鬆開，最後鬆開全部的繩索。

㈤繩索倒牛 (casting with ropes)

　　牛比馬更容易使用繩索將其放倒，以物理方法保定時也比較不會掙扎。使用繩索倒牛的方法有幾種，通常是先圍繞牛頸打一個不會滑脫的結（如單結套或方結），接著緊靠前腿後面圍繞胸廓打一個半結；在髖結節及乳房前圍繞腰窩另打一個半結，然後握緊繩索，沉穩地向後方筆直牽拉。在數分鐘或更短的時間之內，即使是較大的個體也會倒下，很少出現掙扎的情況。需留意的是，繩索必須有足夠的長度，以便牛能自由地倒下（圖 8–13）。

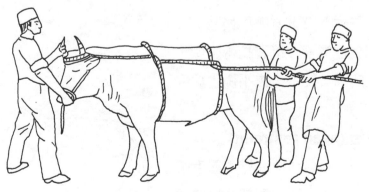

▶ 圖 8–13　繩索倒牛示意圖

(六)徒手倒牛 (casting by hand)

　　比較小的牛犢通常可以有效地
徒手保定，若有合適的助手更理想。
有一種倒小牛的「腰窩法」，是操作
者面對小牛站在牛側，手越過牛背，
抓住腋及腰窩的鬆弛皮膚，用一膝頂
住，迅速將小牛向上翻倒於一側。小
牛橫臥時，將上面的前肢拉向後方並
將之屈曲，同時以一膝用適當的力量
壓住牛頸予以保定。如果有助手，可
以讓助手坐在牛背後的地面，同樣抓
住上面的後肢向後牽拉，以雙腳壓在
另一後肢的跗關節上，用力將其推向
前方以避免蹴踢（圖 8-14）。

　　另一種倒小牛法是將牽牛繩拉
向後方，在跗關節上方纏繞後肢。人
站在對側握住繩索，接著拉轉牛頭，
牽曳後肢向前，使牛失去平衡，翻倒
在側。

(七)頭部保定 (head restraint)

　　要對頭、頸順利地進行各種手術
和檢查，必須適當控制頭部。對非常
溫順的牛或病牛，只要拉住頭絡繩就
已經足夠。如果病牛無神地躺著，可
用頭絡繩拉轉牛頭，並將牽繩繞到後

❶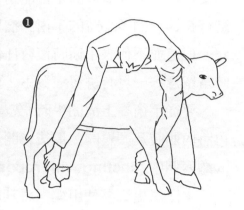

❷

❸

▶ 圖 8-14　腰窩法倒小牛示意圖

肢跗關節上綁好，這時即可對病臥的牛進行靜脈注射。牛的頭絡繩是
將牽繩從下頜下通過，鼻帶壓在鼻骨稍高的部位，避免牽繩拉緊時壓
力過大，影響牛鼻的軟組織及呼吸（圖 8–15）。

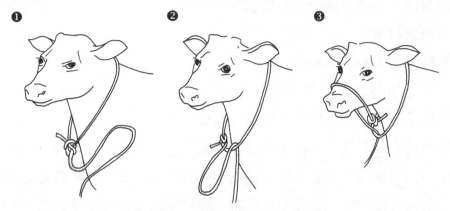

▶ 圖 8–15　牛的頭絡繩裝置示意圖

㈧活動性頭絡保定 (make shift halter)

　　在無頭絡可用的情況下 ， 可以用一條繫馬索製成合適的代用頭
絡。以繫馬索圍繞牛頸，在固定端的末端打結，接著把繫馬索從環套
的後方拉向前方，構成一個套在鼻上的環套，適當拉緊時就成為有用
的頭絡，能可靠地控制住牛頭，避免繫馬索環繞牛頸過緊，發生窒息
的危險。

　　如果不需要讓牛躺臥，可以先把牛置於擠壓窄欄或使用柱子，保
定頭部會比較容易。借助頭絡將牛頭綁在一側，操作者比較容易對頸
靜脈、口腔、眼睛、牛角等部位進行手術。如果牛繼續掙扎，可在牛
鼻上安裝鼻鉗，轉移其注意力，遂能繼續操作。如未準備好鼻鉗，可
徒手抓住鼻子，用大拇指和食指捏住鼻中隔，舉起並彎轉牛頭。在由
某些棍子或鏈子組成的擠壓窄欄中，將犢鼻向下壓，使頭頸部被強力
屈曲後，即可對兩側牛角進行斷角手術。

　　為了安裝牛鼻鉗、檢查口腔或灌服藥物，操作者應該與牛面向同一個方向，用髖部對著牛的頭頸部。這是保定牛頭的一個好方法，但要留意牛角的位置。此時操作者可用一隻手臂夾著牛頭，使其緊靠自己的髖部，不僅能夠配合牛隻騷動而移動，同時還可騰出一隻手來檢查病畜或投藥。

㈨腳的保定 (restraint of feet)

　　吊起牛腳的方法有很多種，但不管採行何種方法都有一個共同點：這不是一件簡單易行的事情。對溫順的母牛，可以用力抬起其中一肢靠在操作者膝上，就如同用手抬起馬腳一樣。如果液壓式手術臺適用，可用來進行牛腳手術；但當手術臺不適用時，可用繩索提舉牛腳進行檢查或治療。用繩索抬腳時，應控制其來回搖擺的幅度，因為捆綁牛腿時來回搖擺可能會造成損傷。用擠壓窄欄或柱子可以有效阻止過程中牛的側向活動（圖 8–16）。

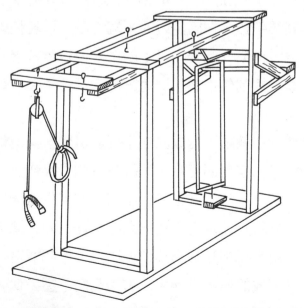

▶ 圖 8–16　阻止牛往側向活動的裝置示意圖

提舉前蹄可用繩索繞過骹關節，再從肩峰上拉過。最好由助手拉住，必要時可迅速鬆開。將牛的重心推到另一肢，使要提舉的蹄更容易舉起（圖 8–17）。

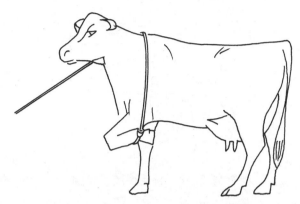

▶ 圖 8–17　用繩索提舉前蹄示意圖

如果牛願意合作，後肢也可像馬後肢提舉那樣提舉起來。有需要的話也可以用繩索綁在飛節上，再將繩索吊在橫樑或管子上。除此之外，也可環繞球節做一個繩套，將繩索越過樑上後拉回來繞過飛節，在飛節上構成半結，隨後將繩端向前方拉緊，使腿提舉到要求的高度。但不能提舉過高，也不能向後方或側方過度牽拉，因為當牛覺得很不舒服或不能忍受時，會自傷或傷人。可以同時使用牛鼻鉗或圍繞腰窩綁上半結，來轉移牛的注意力，並減輕掙扎。

另一種保定後肢的方法，是在腿的內側套上固定的繩環，繩端越過靠近上方的樑。拉緊繩端時，可使繩子著力在後腿內側，使腿舉起而限制其活動。對體型大、脾氣不好的牛，先用帶有小固定環的繩子套在後腿之間會有較大的好處。繩索越過牛上方的支柱後向下返回，穿過小固定環再返回上方越過支柱，當拉緊時，在大腿內側就有足夠

的力量能制止蹴踢（圖 8–18）。另外再用一條繩索纏繞球節，將腿拉向後方，以便檢查和治療。

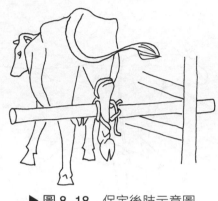

▶ 圖 8–18　保定後肢示意圖

8–1–3 綿羊的保定

　　綿羊由於體格和性格上的特點，比其他大型動物容易捕捉和保定，但也比較容易受傷，因此在設備條件允許的情況下，應當輕柔、緩慢地捕捉。

　　羔羊閹割、斷尾多在出生後 6 週之內完成，最好在出生後 1～2 週就處理完畢。進行這種手術時，如果有個助手幫忙就能不費力地完成保定。保定時，捕捉者最好讓羔羊採取頭朝上的姿勢，背靠著自己，右手抓住兩條右腿，左手抓住兩條左腿（圖 8–19 (A)）。

　　成羊保定最好的方法是讓羊臀部坐地。將羊體稍微往後傾，使其蹄不能著地，因而失去平衡，沒有多大的抵抗能力。這時捕捉者可以站在綿羊後面，使羊背靠在自己的腿上，同時抓住羊的前肢（圖 8–19 (B)）。這種姿勢可應用於多種手術，但在幫綿羊灌藥時，最好有一位助手跨

立在綿羊身上，用雙膝夾緊羊肩，使其保定為直立狀態。請助手抓住
羊頭，以便灌藥。

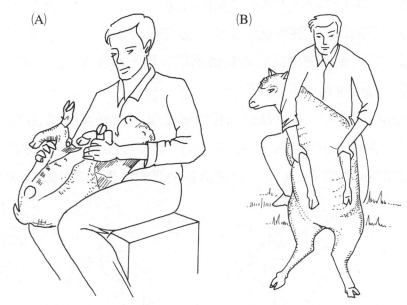

(A)　　　　　　　　　　　　　　(B)

▶ 圖 8–19　(A)保定羔羊的姿勢；(B)保定成羊的姿勢

8–1–4 豬的保定

　　豬的適當保定，重點在於避免豬受傷、保護捉豬者。抓仔豬時，
操作上不僅要防止仔豬受傷，還要防止仔豬因被保定而尖聲嚎叫，刺
激母豬在亂撞中傷害或踩死其他仔豬。

　　新生仔豬必須完成數種簡易的手術，如無菌斷臍、斷尾、斷犬牙、
打耳號和注射補充鐵質等。手術時，抓仔豬後腿是最容易的方法，有
些主人喜歡抓住尾巴，但不能抓太久。如果是腹膜內給藥或在後腿肌
肉進行注射治療，可以抓住一隻或兩隻後腿。讓豬躺在彎起的手臂內
時也能進行斷尾。

　　如果是在豬斷乳前修補陰囊疝或閹割，保定並不困難。保定者要抓住豬的兩隻後腿，豬頭向下，這種保定法可使手術區域清楚地暴露給手術者。有些人喜歡以兩膝夾住豬的肩膀，限制其活動（圖 8-20 (A)）。如果保定者能保持「膝外翻」，就能避免腿被偶然咬傷。將豬的兩隻後腿吊起，也可進行閹割或陰囊疝修補術。用一條小繩或產科鏈綁在兩蹠骨部，也可順利地進行手術。

　　閹割保定的另一種方法是抓起兩隻後腿，使豬的肚皮貼近保定者，然後將豬通過保定者兩腿之間拉向後方，並以雙膝夾住豬的胸廓，同時將其後腿拉向保定者的腰部，以便清楚地暴露手術區域（圖 8-20 (B)）。

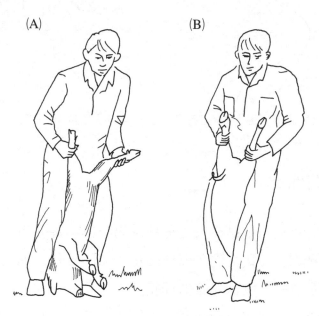

(A)　　　　　　(B)

▶ 圖 8-20　豬的保定示意圖

　　保定小豬時也可以用一隻手將豬頭壓在前臂下，抓住後腿向前牽拉，使其充分暴露陰囊。也可使豬仰躺在板凳上或保定在膝上，兩手抓住一側後腿向前牽拉，以便進行閹割。

　　為了從前腔靜脈抽取血樣、修補臍疝或進行閹割，可以利用 V 型凹槽來保定小豬。讓操作者不必仰賴助手，既能把豬保定在凹槽內，又能同時進行手術。

　　保定肥豬進行閹割是一件困難的事。在美國，這種手術一般不用麻醉，因此豬會掙扎得很厲害。保定者可跨立在豬背上，抓住豬的腰窩或兩隻後腿，使豬頭朝下倒立數分鐘。一個熟練的閹割者在這段時間內即可完成手術，但過不久，豬就會亂動，以致難以保定。一個有經驗的保定者，大概能夠抓住與他同體重的豬。

　　豬也可以採取橫臥的方式保定。如果豬不太重，可用「脅倒法」：保定者抓住對側的豬前腿及腰窩，將豬提起離地，然後翻倒。另一方法是手從豬體下面穿過，抓住對側前腿，然後把豬推倒翻轉（圖 8–21）。如果保定者抓住豬的前兩腿，同時以膝抵住其頸部，就能讓手術者用膝抵在豬腰窩，便於閹割。即使後兩腿不保定，一般而言豬也不能作有力的掙扎，因牠不能支撐或踢蹴到任何東西。

▶圖 8–21　手從豬體下穿過再把豬推倒

　　從前腔靜脈採血，需要良好的保定，以免豬受到損傷。50～75 磅的豬，可抓住背部，遂易於放血。如果保定者將豬按倒，抓住前腿並使其屈曲，採血者可用一隻手使豬的頭頸伸展，另一隻手操縱注射器（圖 8-22）。

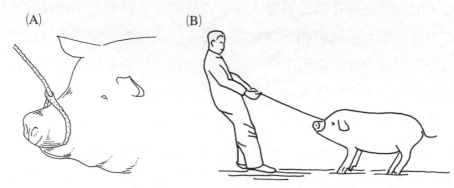

▶ 圖 8-22　從前腔靜脈採血的保定方式

8-1-5 犬的保定

㈠搬運受傷的小狗

　　搬運者以右手托住小狗的身體，食指放在小狗的兩前肢之間以固定其胸部，右前臂夾緊小狗的身體使其靠在搬運者的右髖部；左手放在小狗的鬐甲部以固定其頸部，使小狗不能咬人（圖 8-23 ⒜）。

㈡搬運受傷的大狗

　　搬運者可跪在地上，以圖 8-23 ⒝之姿勢將狗抱起，狗的受傷部位應該儘量靠近搬運者的身體。如果狗欲咬人則應使用口絡 (muzzle)。

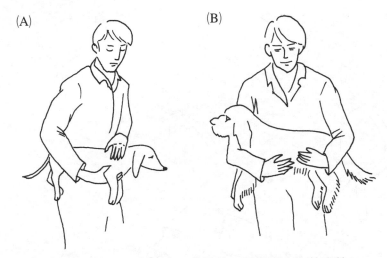

▶圖 8-23　⒜搬運小狗的姿勢；⒝搬運大狗的姿勢

㈢臨時的口絡

　　對於長鼻狗有二種綁法（圖 8-24、圖 8-25）。至於短鼻狗，可將

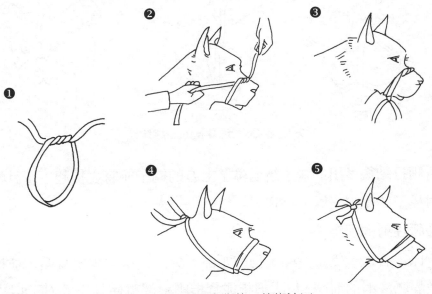

▶圖 8-24　長鼻狗的口絡綁法⑴

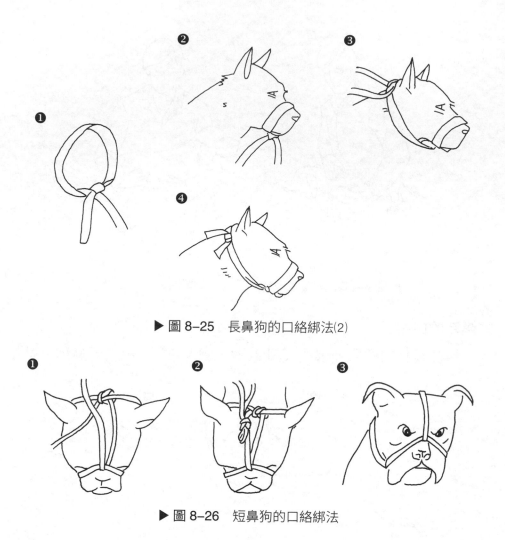

▶ 圖 8-25　長鼻狗的口絡綁法⑵

▶ 圖 8-26　短鼻狗的口絡綁法

頸背側打結後多出的繩子繞過鼻子上方的繩子並將之提起，以減輕繩子對鼻子的壓迫（圖 8-26）。

㈣靜脈注射的保定法

　　保定者以一隻手臂固定狗的頭部，另一隻手臂固定身體，並握住欲做靜脈注射的前肢，以大拇指或食指壓迫靜脈使其浮現（圖 8-27）。

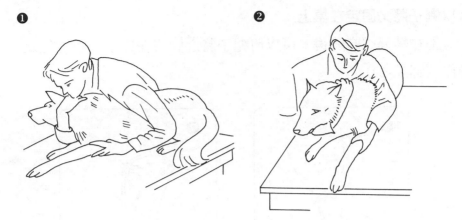

▶ 圖 8–27　靜脈注射保定法示意圖

㈤徒手將狗的側面固定在桌上

　　保定者除抓住狗的前、後腳之外，並分別以兩隻手臂下壓其頸部與後腿（圖 8–28）。

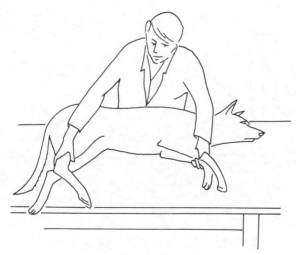

▶ 圖 8–28　固定狗的側面示意圖

㈥以繩子將狗固定在桌上

　　狗在鎮靜或麻醉後，可以用繩子將之固定在桌上，以方便進一步操作（圖 8-29）。

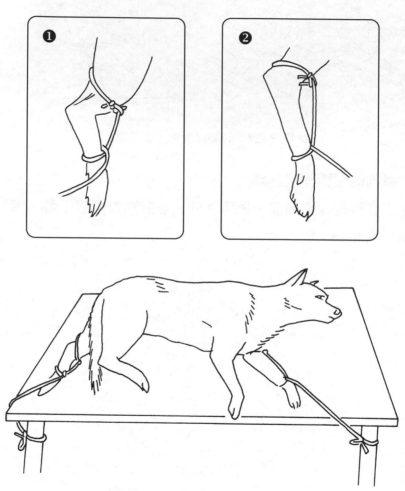

▶圖 8-29　用繩子將狗固定在桌上的綁法

8-1-6 貓的保定

㈠搬運受傷的貓

搬運貓的方法與搬運小狗相同（圖 8-30 ⒜）。若用籠子搬運，將貓從籠子抱出的方法則如圖 8-30 ⒝所示，可防止貓逃走。

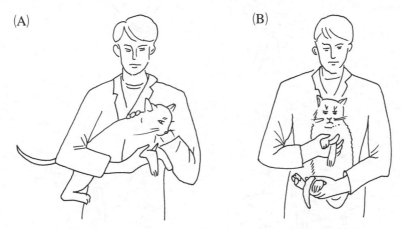

⒜　　　　　　　　　　　　⒝

▶ 圖 8-30　⒜搬運貓的方法；⒝將貓抱出籠子的方法

㈡貓袋

一個好用的貓袋 (cat sack) 必須在上緣有一條可拉緊的繩子，使貓只有頭部露在袋子外面；在袋子下方的一角有一個缺口，如果貓有任一隻腳需要治療，可從此缺口伸出（圖 8-31）。

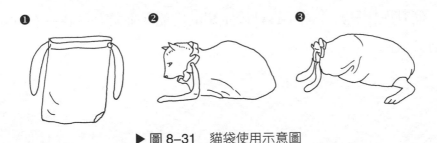

❶　　　　　　　　❷　　　　　　　　❸

▶ 圖 8-31　貓袋使用示意圖

㈢口絡

　　貓的口絡與短鼻狗的綁法相同（圖 8-32）。

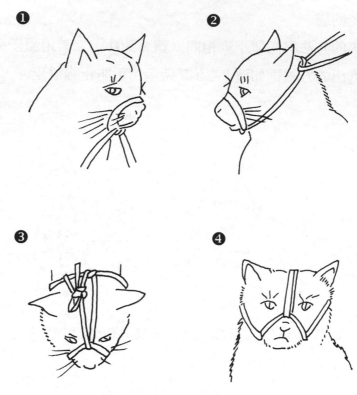

▶ 圖 8-32　貓的口絡綁法

㈣靜脈注射的保定法

　　保定者以左手抓住貓的左前肢及頭部 ， 並以大拇指扣住貓的掌部，使其貼緊臉頰；右手臂則固定貓的身體，並握住欲做靜脈注射的右前肢（圖 8-33）。

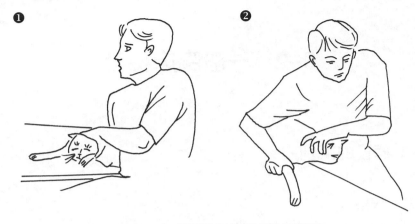

▶ 圖 8–33　靜脈注射的保定法示意圖

習　題

1.如何實施馬匹套頭？

2.請說明馬匹使用鼻捻子的目的、原則及方法。

3.請繪圖並說明繩索倒牛的方法。

4.請說明小公豬閹割的保定方法。

5.如何搬運受傷的小狗？

6.如何對貓進行靜脈注射？

7.如何做短鼻狗的口絡？

◆ 8-2　一般臨床檢查 ◆

8-2-1 病畜的識別

㈠飼主、牧場

姓名、地址、電話及其他有助於識別的符號及標記等。

㈡病畜

種類、品種、性別、年齡、體型、顏色、花紋、名字、號碼。

8-2-2 診斷的方法

㈠姿勢和意識狀況

檢查姿勢和意識狀況的方法就是觀察病畜在站立、躺臥、運步時的外表形態。臨診時不要驚動病畜，應就地觀察。各種家畜都有其固有的姿勢，患病後則會表現反常。例如馬罹患結症時，會伸腰擺尾、站立不安、回頭看腹、不願走動、彎腿欲臥、臥地滾轉等；罹患破傷風時，會耳緊尾直、頭頸伸直、眼急驚恐、瞬膜外露、腰腿僵硬、呆立不臥、行走艱難等，嚴重者形如木馬。只站不臥的情形見於大葉性肺炎、胸膜炎、腹膜炎等；頭頸伸直的情形見於咽炎、食道阻塞、頸項肌肉風溼等；四肢拘縮腹下、邁步困難的情形則見於四肢風溼、蹄葉炎等。牛若罹患產後癱瘓，會將頭頸彎靠胸側，四肢麻痺、臥地難起；弓背努責見於胎死腹中、胎衣不下。牛羊罹患腦包蟲病及李氏桿菌病時，則會常作轉圈運動。

　　從病畜的意識狀況進行判斷，病輕者一般很少改變，預後較好；如果出現嚴重的意識障礙，往往病情較重，多預後不良。

┃ 意識擾亂在臨床上主要的二種表現類型

　1.興奮型：

　　　　主要表現不安。或狂奔亂走；或向前猛衝；或攀登飼槽；或碰壁撞牆等，會造成身體損傷（特別是頭部）甚至雙目失明；或向一側轉圈，見於馬傳染性腦脊髓炎、霉玉米中毒、腦炎等。

　2.沉鬱型：

　　　　較多繼發於興奮之後，其表現和上述情況相反，主要為精神萎靡、遲鈍無神、頭低眼閉，對外界刺激缺乏反應。有的病畜會以頭部抵牆靠槽；給草入口時不知咀嚼；飲水時嘴入桶內而不吞嚥；行走似醉，左右亂跌，躺倒後昏迷、痙攣、前肢或後肢划動。此種意識擾亂的類型主要見於沉鬱型的腦脊髓炎、李氏桿菌病等，也見於代謝擾亂疾病，如牛產後癱瘓、酮病、仔豬低糖症等。

㈡呼吸

　　觀察呼吸時應站在病畜一側後方，看動物臁腹部和肋骨的起伏動作，同時計數每分鐘的呼吸次數。在冬天也可根據呼出水氣的次數計算，至少要數半分鐘的呼吸次數。家畜正常的呼吸次數列表如表 8–1。

▶ 表 8–1　各種家畜每分鐘的平均呼吸次數

種類	每分鐘呼吸次數
馬	8～16
牛	10～30
豬	10～20
羊	12～20
犬	10～30
貓	25～30

正常情況下，當家畜吃飽或活動後，以及天熱、受驚、興奮時，都會使呼吸加快。若家畜罹患呼吸道疾病（特別是肺部疾病），則會程度不同地使呼吸增快；當病畜出現發熱、心跳加快、貧血 (anemia) 等症狀時，呼吸也相應加速。只有極少數的疾病，如牛產後癱瘓、沉鬱型馬腦炎等，才會使呼吸變慢。

除了呼吸次數外，還要注意觀察呼吸的形式、節律和深度，並注意呼氣有無臭味，聽診肺部有無雜音等。

㈢心跳和脈搏

一般都用聽診器來計數心跳的次數，並判定心跳的節律、心音的性質以及有無異常的心音。正常情況下，心跳數和脈搏數是一致的。

聽診家畜的心音，主要在左胸壁、肘頭後方進行，對牛則應更靠近前方一點。各種家畜的脈診部位不同：馬，下頜骨內側的頜外動脈搏動較為明顯；牛，一般取頜外動脈或尾根腹面中央處的尾動脈；豬和羊可取股內側的股動脈，但臨床診斷上辨認豬、羊的脈性較難，所以聽診心跳更為重要。計數心跳、脈搏的時間一般為 15 秒以上，計數必須準確。各種家畜正常的心跳數或脈搏數，列表如表 8-2。

▶ 表 8-2　各種家畜每分鐘平均脈搏數

種類	每分鐘心跳（脈搏）次數
成年馬	36～44
駒（1～2 歲）	45～60
駒（2～4 週）	80～100
公牛	36～60
母牛	60～80
犢（2～12 月）	80～110
豬	60～80
羊	70～80
狗	60～100
貓	100～120

家畜的年齡、品種、體溫、反芻、運動、精神情況（興奮、驚恐等），都會影響正常脈搏數。一般來說，家畜的心跳成年較幼年為慢；冬季較夏季為慢；早上較下午為慢。容易受驚、特別神經質的馬，心跳大多較快。因此聽心跳或診脈時，應使病畜安靜，等喘息平定後，再進行檢查。

㈣體溫

體溫反常是家畜有機體對外來的或內在的病理刺激的一種對抗性反應。雖然我們可以通過觸診來了解體表溫度（如耳、角、鼻、四肢），但一般應使用準確的體溫計檢查體溫。

檢查體溫應在來診病畜短暫休息、適當保定後進行。檢查前一定要將體溫計的水銀柱甩至 35 ℃ 以下，然後緩緩插入病畜的肛門，放置 3 分鐘以上。一般內科疾病每日檢查一次即可；病情嚴重者和傳染病則應分上、下午，每日定時檢查兩次，並連續進行有系統的記載，以掌握其變化情形。各種家畜正常的體溫，列表如表 8-3。

▶ 表 8-3　各種家畜的平均體溫

種類	正常體溫	平均體溫	最高體溫
馬、騾	37.5～38.5 ℃	38.0 ℃	38.5 ℃
驢	37.0～38.0 ℃	–	–
牛	38.0～39.0 ℃	38.5 ℃	39.5 ℃
犢	38.5～39.5 ℃	39.0 ℃	40.0 ℃
水牛	37.6～39.5 ℃	–	–
豬	38.0～39.5 ℃	39.0 ℃	39.5 ℃
羊	38.0～39.5 ℃	39.0 ℃	39.5 ℃
犬	37.5～39.0 ℃	–	–
貓	38.6～39.2 ℃	–	–

　　正常情況下，家畜的體溫同樣也會受到多種因素的影響。如使役或運動後，體溫可升高 1.5 ℃ 以上；每天下午較早晨可升高 0.5～1.0 ℃ 左右；天熱時較天寒時為高；進食後可能略為升高；產前、產後則常常偏高；若在烈日下久站，體溫也會上升。此外，當病畜直腸有積糞、躺臥較久、肛門鬆弛，或冷水灌腸以後，體溫則會降低。

㈤可視黏膜

▎結膜的檢查

　1.馬：

　　　檢查左（右）眼時，人站立於馬的左（右）側，左（右）手抓住韁繩。右（左）手食指將上眼瞼向上推，大拇指將下眼瞼向下推，兩指共同撥開眼瞼；其餘三指放在眼窩上面，以便固定。

　2.牛：

　　　兩手持角，將牛頭轉向一側，鞏膜（眼球壁外層的白色部分）即會露出。或一手持角，一手持鼻中隔，扭轉頭部。必要時還可用手指撥開眼瞼。

　3.豬、羊：

　　　用拇指和食指同時撥開上下眼瞼即可。

　4.家畜結膜的正常顏色呈淡紅色，牛較馬稍淡，豬呈紅色。結膜出現的病理顏色和表現主要有：

　　⑴蒼白（貧血）：多見於馬、牛血孢子蟲病、羊胃腸線蟲病、牛羊肝片吸蟲病、仔豬貧血、馬傳染性貧血等。如果是驟發性的蒼白，大多是大出血或內出血（如肝、脾大血管破裂）。

　　⑵潮紅（充血）：常見於發熱疾病（如肺炎、胃腸炎等）以及傳染病初期（如炭疽、牛瘟、豬瘟、豬丹毒等）。

⑶發紺 (cyanosis)：常為病情嚴重或危急的徵兆。多見於呼吸困難的疾病，如馬大葉性肺炎、喘症、腸纏結、腸扭轉等。

⑷發黃（黃疸）(icterus; jaundice)：多見於初生騾駒溶血性黃疸、牛和馬血孢子蟲病、馬傳染性腦脊髓炎、馬十二指腸卡他及阻塞、肝病、砷中毒、有機磷中毒等。

⑸炎性腫脹：常見於某些傳染病，如馬流行性感冒、腺疫、牛惡性卡他熱、豬瘟等，以及馬血斑病和外傷性角膜炎等。

⑹漿性、黏性、膿性分泌物：由結膜囊中流出的分泌物，各種眼病（如結膜炎、馬週期性眼炎初期、外傷性角膜炎）均可發生。在上述的各種傳染病中也可能出現。

鼻及鼻黏膜的檢查

檢查時應注意鼻孔是否張大；呼吸時有無狹窄音或呼嚕聲；呼氣有無臭味；鼻孔是否流鼻等。

1. 鼻孔扇張：

　　常見於馬喘症（慢性肺泡氣腫）、大葉性肺炎、破傷風等。

2. 狹窄呼吸音：

　　多由於鼻、喉黏膜發炎或水腫 (edema) 所引起，也多見於馬顏面神經麻痺。呼嚕聲多為呼吸道內（鼻腔、喉、氣管）積有分泌物，較常見於馬肺炎後期。

3. 呼氣發臭：

　　多因肺組織敗壞所致，如馬異物性肺炎（肺壞疽）、上頜竇蓄膿、鼻疽、大葉性肺炎等。

4. 鼻液異常：

　　鼻液從性質上來看，有漿性、黏性、膿性的分別；從顏色上來看，有白色、黃色、鐵鏽色等分別，此外還要注意是兩側流出

還是一側流出。馬牛鼻卡他、喉卡他、支氣管炎、馬流行性感冒，病初多流漿性或白色黏性鼻液；黃色膿性鼻液多見於肺炎 (pneumonia)；鐵鏽色膿性鼻液多見於馬傳染性胸膜肺炎或大葉性肺炎。兩側流鼻多見於馬鼻疽（也有一側的）、腺疫、大葉性肺炎等；一側流鼻多見於馬上頜竇蓄膿。

觀察上述表現以後，即可著手檢查鼻黏膜。主要對象是馬，其他家畜不易檢查。馬鼻黏膜的病理顏色和表現及其診斷意義，和眼結膜基本相同。另外，還應注意有無出血、潰瘍等。出血主要見於炭疽、初生騾駒溶血性黃疸、血斑病；潰瘍主要見於馬鼻疽；糜爛主要見於馬慢性鼻卡他。

▎口黏膜的檢查

檢查口黏膜以前，應先注意是否流涎吐沫、口中有無異常氣味。健康的馬、牛口內沒有難聞的氣味。當馬患有齒槽骨膜炎、破傷風、結症（在多日大便祕結、不吃和舌苔厚的情況下），檢查時就可聞到口內惡臭；牛患酮病時則常有氯仿或類似水果的香甜氣味。

口黏膜充血、腫脹，並有組織脫落時，多為局部刺激過甚的結果，如內服某些藥品（如水合氯醛）濃度過高。輕微的紅腫多見於卡他性口膜炎。

當牛罹患口蹄疫時，唇內面、齒齦、舌面等處可見大小不等的水泡，破裂後遺留淺爛斑和潰瘍；馬罹患傳染性水泡口炎時，舌上或頰、唇、硬泡黏膜上會出現豌豆大或更大的水泡。應該注意的是，豬的水泡病及水泡疹可能出現與口蹄疫相似的水泡，二者不易鑑別，這種疫情一經發現，必須緊急報告、採取病理材料，並注意觀察病情，以便確診。

口黏膜潰瘍多見於潰瘍性口膜炎、牛惡性卡他熱以及牛瘟等。

㈥皮膚和被毛

透過視診和觸診進行檢查。主要包括以下兩項：

▍視診

觀察被毛是否整齊、光亮。被毛粗亂、缺乏光澤、換毛遲緩、毛易脫落（或易拔下）、皮屑積聚等，都是病態表現。常見於慢性病（如慢性胃腸卡他），以及內外寄生蟲病和皮膚炎（如疥癬、溼疹）。牲畜感冒和熱性病初期，也可見被毛逆立。

▍觸診

觸摸並觀察皮膚溫度、出汗、彈性、顏色、氣腫、水腫、疹塊等。

1.皮膚溫度：

檢查皮溫，常用手及手背觸診病畜的鼻、耳、角、頸及四肢下部。皮溫增高、皮溫分布不均常見於熱性病，如肺炎、肺充血以及許多急性傳染病；皮溫降低則多見於牛產後癱瘓、酮病以及病至後期出現的心臟衰弱、衰竭及昏迷等。

2.出汗：

由於血液循環旺盛，引起皮膚充血、增溫、汗液增多。多為熱汗，常見於劇痛性疾病，如馬急性胃擴張、骨折以及全身肌肉痙攣（如馬破傷風）等；而疾病引起的心力衰竭、虛脫、血壓下降，則常出冷汗，多為死前症狀，如馬胃腸破裂、中毒等；大汗淋漓，多見於馬熱射病、急性肺充血等。牛鼻鏡在健康時經常保持寒涼、光澤、溼潤並有汗珠，如將汗珠擦去，很快又可出現；如果變為乾燥無光，甚至出現龜裂或痂皮樣物，就是病象，常見於發熱病、前胃疾病及胃腸炎等。

3.彈性：

健康家畜，尤其是幼畜，皮膚柔軟富有彈性，如果將頸部的

皮膚捏成皺摺，放開後很快就可平復。如恢復遲緩，甚至不能恢復，表示皮膚彈性降低，常見於脫水（如嚴重腸炎以及大出血、尿血症等），也多見於營養不良、內寄生蟲病引起的衰竭。

4.顏色：

對豬病的診斷有一定意義。豬罹患豬瘟時，皮膚上可發現瀰漫性紅點或紅斑，指壓後不能消退，是出血的病變；豬患豬丹毒時，皮膚上呈現方塊形的紅斑，界線清晰，但指壓後可以暫時消退，是充血的象徵。

5.氣腫：

是由於氣體積聚於皮下組織，使患部容積增大所引起，用手壓時呈捻髮音或嗶拍音。這種現象多見於牛，如牛患氣腫疽。馬也可發生氣腫，是由於胸下肘後、肩胛等處受傷，空氣竄入皮下所引起。

6.水腫：

最為常見，由於液體積聚於皮下組織使患部腫大，以手指壓迫時，皮膚的凹陷會經過數秒後才復原。

7.疹塊：

最常見的疹塊如蕁麻疹，是突出於皮膚的一種扁平、硬固、界線清晰的隆起，面積如蠶豆、核桃或手掌大，會發癢，常為過敏反應（如飼料不當、昆蟲咬傷、生物藥品注射等）。

㈦淋巴結

淋巴結的檢查可以幫助發現和診斷某些傳染病。例如馬腺疫可引起頜下、咽後淋巴結的炎性腫脹和化膿；鼻疽則引起硬腫；牛泰勒焦蟲病常見肩前、股前等淋巴結腫脹；牛結核病可引起頜下、腮腺下、咽後、肩前、股前和乳房等淋巴結的腫脹。

　　檢查的方法主要是觸診。健康家畜的淋巴結較小，而且深藏於組織內，一般難以摸到，所以臨床上只檢查位於淺表的少數淋巴結。檢查時必須注意其大小、形狀、硬度、溫度、敏感性及活動性。當發現某一淋巴結有病變時，還要檢查附近的其他淋巴結。

8-2-3 臨床診斷

㈠發熱

　　發熱是獸醫臨床上最常見的症狀，原因很多，但主要是由於感染。發熱是動物體對感染的反應，而感染是引起有機體發熱的一種外界條件。

┃ 診斷要點及鑑別診斷

　1.注意起病緩急、發病季節、當地疫病的流行情況及病畜的接觸史。

　2.觀察熱度高低、熱型及發熱期的長短。

　　　　一般來說，體溫超過正常值 0.5～1.0 °C 的屬微熱（低熱）；超過 1.0～2.0 °C 的屬中熱；超過 2.0～3.0 °C 的屬高熱；如超過 3.0 °C 以上就屬極高熱，象徵病情危急。發熱的主要熱型如下：

　⑴暫時熱：只發熱一、二天，就慢慢下降恢復，常見於防疫注射以後。

　⑵稽留熱：體溫屬中熱或高熱，保持多日不退，每日波動範圍不超過 1 °C，見於馬胸疫、牛瘟、馬焦蟲病、豬瘟等。稽留熱以後如體溫急驟下降，則預後不良；如慢慢下降，同時心跳也逐漸減慢，則有好轉希望。

　⑶弛張熱：體溫屬中熱或高熱，早晚相差 1 °C 以上而不降到常溫，如敗血病、卡他性肺炎等。

　⑷間歇熱：有熱期和無熱期交替出現，有熱期短，無熱期不定，

如鉤端螺旋體病、馬傳染性貧血、馬納塔焦蟲病等。有些慢性傳染病或由急性轉為慢性的疾病，熱度雖不高，但持續時間相當長，如馬慢性鼻疽、牛結核等。

3.注意伴發的主要症狀。

發熱多伴隨食慾不振或廢絕、精神沉鬱、體表溫度不均。起初有些寒顫、被毛逆立、呼吸和心跳與脈數加快、出汗、糞便乾燥、尿色深稠，後期出現腹瀉。在發熱過程中要特別注意心臟的變化。發熱時隨著體溫繼續上升，心跳脈數多會相應增加，若體溫下降但心跳反而加快且脈象微弱、心音不整，甚至出現雜音或分裂音，象徵心肌變性、心臟衰弱，常為重病，如馬大葉性肺炎。

㈡流鼻（吊鼻）

引起流鼻的常見疾病有：鼻卡他、急性支氣管炎、卡他性肺炎、異物性肺炎、上頜竇蓄膿、鼻疽、腺疫、傳染性胸膜肺炎、咽炎等。

▍診斷要點及鑑別診斷

1.了解病史：

如流鼻的時間和經過、病畜數目、當時當地傳染病流行情況以及病畜的接觸史。急性流鼻常見於感冒引起的急性鼻卡他、支氣管炎等。慢性流鼻多見於馬慢性鼻卡他、鼻疽、上頜竇蓄膿等。豬、羊肺線蟲病和羊鼻蠅幼蟲病也可能引起流鼻。

2.注意鼻液的顏色、氣味、性質，是一側流出還是兩側流出等：

鼻液初呈漿性，後變黏性、黏膿性，無臭味，常見於鼻卡他、支氣管炎、馬流行性感冒等；如飲水時兩側流出白色稀膿樣鼻液，飲水後水從兩鼻孔逆流出，見於馬咽炎；兩側鼻液膿樣，呈紅黃色或棕紅色，甚至鐵鏽色，有惡臭味，常見於馬大葉性肺炎或傳染性胸膜肺炎；兩側鼻液呈灰黃色或褐紅色，有屍臭味，頭下垂

時膿量增多，見於異物性肺炎；鼻液呈漿黏性、膿性或混有血液，並在鼻孔周圍結成痂塊，見於羊鼻蠅幼蟲病。

馬騾有 4 種流鼻疾病，常易混淆，應仔細鑑別。如表 8-4。

▶ 表 8-4　馬騾的 4 種流鼻疾病鑑別診斷表

病名 \ 鑑別項目	慢性鼻卡他	鼻疽	腺疫	上頜竇蓄膿
鼻疽菌素點眼反應	－	＋	－	－
頜下淋巴腺腫脹	輕微、游離的	明顯與周圍黏連	炎性，先呈硬、腫、熱、痛，以後化膿潰破	無或輕微
流鼻情形	兩側，時多時少	兩側或一側鼻膿	兩側鼻膿	一側鼻膿
鼻黏膜病變	糜爛或爛斑	呈典型的結節、潰瘍	潮紅、腫脹	－
傳染性	－	極易傳染	極易傳染	－
病畜年齡	不分	不分	6 月齡至 5 歲	不分
顏面外形變化	－	－	－	患側畸形隆起

3.注意併發症狀：

除了注意鼻黏膜有無潰瘍、頜下淋巴結有無腫脹、顏面外形有無隆起外，還應注意有無發熱、呼吸困難、咳嗽、呻吟（哼聲）等。中熱和高熱常見於腺疫、大葉性肺炎或傳染性胸膜肺炎、急性鼻疽等；呼吸困難常見於大葉性肺炎、馬腺疫、咽炎、鼻疽、異物性肺炎等；咳嗽常見於支氣管炎、各型肺炎、鼻疽等；呻吟常見於大葉性肺炎或傳染性胸膜肺炎、異物性肺炎等；呼吸困難、狂躁不安、搖頭並以鼻端擦地，常見於羊鼻蠅幼蟲病。

㈢流涎吐沫

流涎吐沫的情形在家畜中以馬、牛較為常見。臨床上有涎多沫少的，也有沫多涎少的。流涎吐沫的常見原因有：

1. 由於局部刺激所引起的，如口膜炎或異物損傷口舌黏膜、咽炎等。
2. 由於反射性興奮所引起的，如馬、牛食道阻塞、馬胃寒等。
3. 由於神經性興奮所引起的，如霉爛飼料中毒以及砷劑（白砒）、六六六❶、DDT 等有機磷農藥中毒。
4. 某些傳染病，如口蹄疫、牛瘟和狂犬病等。

診斷要點及鑑別診斷

1. 了解病史：

　　問清所給飼料的質與量、飼料中是否混有尖刺物質；馬是否空腸飲水太多、是否因為飢餓而猛吃乾硬飼料、是否吞食塊莖或塊根飼料（如馬鈴薯、甜菜根、甘藷等）；當地當時有無傳染病發現，如口蹄疫、狂犬病等，以及有無中毒的可能。

2. 重視口黏膜、舌、咽、食道的檢查（對疑似罹患狂犬病者除外）。必要時投送胃管確定食道有無阻塞。注意體表與體內的溫度。

㈣鼻出血（鼻衄）

　　鼻出血也叫鼻衄，主要是由於鼻黏膜或頭部受傷（如顏面骨骨折、尖銳異物或胃管刺傷鼻腔）、傳染病（如炭疽、豬鉤端螺旋體病）、肺出血等所引起。臨床上常見於馬。

診斷要點及鑑別診斷

1. 注意是一側或二側鼻孔流血，一側的血常來自鼻部，二側的血常來自鼻腔後部。
2. 血色深紅，一側呈點滴狀或細流樣出血，多為鼻腔局部受傷。
3. 血色鮮紅，二側流出含泡沫的血液，並伴有咳嗽或呼吸困難，多為肺出血。若大量流血、氣如抽鋸，為緊急嚴重病症，預後不良。

---

❶六六六：六氯環己烷 $(C_6H_6Cl_6)$ 的俗稱，主要用於農藥。

㈤咳嗽

　　引起咳嗽的除了呼吸系統疾病（如鼻卡他、喉卡他、支氣管炎、肺炎、馬喘症等）外，傳染病（如鼻疽、牛肺疫、牛結核、馬和山羊的傳染性胸膜肺炎、豬肺疫、豬氣喘病等）、寄生蟲病（如豬、牛及羊肺線蟲病）等也可引起。

▍診斷要點及鑑別診斷

1.問明起病情況：

　　　　急性咳嗽常見於呼吸器官的急性炎症；慢性咳嗽則常見於馬喘症、結核、豬、牛及羊的肺線蟲病。

2.利用人工誘咳法，識別咳嗽的性質、頻率和強度等：

　　　　對馬可用單手的大拇指及食指捏壓氣管第一、二軟骨環；對牛如果捏壓喉部不能引起咳嗽，可改用毛巾折疊後短時間蓋住其鼻孔，誘發咳嗽。

　　　　咳嗽可依性質分為溼咳和乾咳，溼咳是因呼吸器官傳導部內有稀薄的分泌物，所以多有鼻液且日久不癒，病重時喉中有痰，呼吸時伴發呼嚕聲，如大葉性肺炎就屬這種情況；乾咳是因傳導部內有不易移動的黏稠分泌物（如慢性支氣管炎），或在炎症初期尚無分泌物滲出（如急性喉卡他），所以多無鼻液。如以強度區別，咳嗽連聲粗大有力者，常見於急性喉卡他、急性支氣管炎；咳嗽低弱無力的，多為肺部重症（如大葉性肺炎）及慢性病（如馬慢性肺泡氣腫）。如以頻率區別，咳嗽時連續不止，會全身震動者，見於馬喘症、羔羊雙球菌肺炎；也有因疼痛而咳嗽較少的，見於胸膜炎。

3.咳嗽出現的時間：

　　　　如豬氣喘病，咳嗽在清晨及運動後最為明顯。馬患勞傷咳嗽，

日輕夜重；如為風熱咳嗽，則日夜都咳。

4.咳嗽併發其他症狀：

　　(1)咳嗽伴隨發熱：中熱常見於肺炎，高熱見於急性傳染病（如馬胸疫），微熱見於支氣管炎、牛結核、慢性鼻疽等。

　　(2)咳嗽伴隨呼吸困難：常見於馬喘症、大葉性肺炎、傳染性胸膜肺炎、豬肺疫、異物性肺炎等。

　　(3)咳嗽伴隨黏液咳出寄生蟲蟲體、幼蟲和蟲卵：見於羊肺線蟲病、豬蛔蟲病等。

㈥呼吸困難（氣喘）

呼吸困難是一種病理的呼吸障礙現象。病畜的呼吸次數、深度和節律都發生變化，出現各種呼吸費力的症狀，如呼吸太快、鼻翼扇動、腹式呼吸，甚至肛門也會隨著呼吸運動。發生呼吸困難的原因有：

1.肺原性呼吸困難，如急性肺充血、大葉性肺炎、異物性肺炎、鼻疽、馬喘症、馬肺出血、豬氣喘病、山羊傳染性胸膜肺炎、胸膜炎等。

2.心原性呼吸困難，如心力衰竭。

3.中毒性呼吸困難，如有機磷農藥中毒、牛黑斑病甘藷中毒等。

4.高熱、高度貧血、上呼吸道狹窄，如馬腺疫、豬炭疽等，也可能引起呼吸困難。

▌診斷要點及鑑別診斷

1.問明起病時間及過程：

　　　因氣候炎熱或長途趕運，忽然發生呼吸急促、體熱、口色紅燥、脈象洪數、不咳或少咳，這是熱喘，見於熱射病、日射病、肺充血等；因長期傷力日漸消瘦、氣喘嚴重，動則更甚，咳嗽連聲且日輕夜重、口色暗淡、脈象沉細，這是虛喘，見於馬慢性支

氣管炎、慢性肺泡氣腫；灌藥後很快發生呼吸困難，見於異物性肺炎；當灑過農藥後，家畜放牧隨即發生呼吸困難，見於農藥中毒；新豬購入即見咳喘，傳染迅速，多為豬氣喘病或豬肺疫。

2. 觀察、分析呼吸困難的臨床表現：

(1)吸氣性呼吸困難：表現為吸氣時間過長，伴有特異的狹窄音。頭頸伸直、鼻孔張大、前肢寬站、呼吸次數不增甚至減少，見於馬上頜竇蓄膿、炭疽、馬腺疫繼發的嚴重咽喉炎或水腫。

(2)呼氣性呼吸困難：主要表現在呼氣時腹壁強烈收縮，沿肋弓出現深的凹陷，即所謂的「喘溝」。呼氣時間延長，呈間斷性（二段）呼出，重者出現肛門運動，見於慢性肺泡氣腫。

(3)混合性呼吸困難：呼氣和吸氣均感困難；呼吸次數增加、肺部呼吸面積縮小，見於肺炎、肺充血、胸膜炎、心力衰竭等。

3. 注意併發的其他症狀：

當病畜伴有低弱咳嗽，且有疼痛哼聲（尤其是運動時及夜間）；肺部拒絕叩診，叩診時呈濁音；體溫呈中熱或高熱；或有鼻膿等，都應考慮較嚴重的肺部疾病，如大葉性肺炎或胸膜肺炎。同時出現體溫高熱、口色紅紫、靜脈怒張、脈象細數、心律不整、聽診肺區有溼囉音，見於急性肺充血繼發肺水腫引起的心力衰竭。

㈦嘔吐

嘔吐 (vomiting) 多見於肉食動物，豬次之，牛、羊較難發生；馬則極少發生，一旦出現，往往是危急的徵兆，如胃破裂。這裡主要介紹豬的嘔吐，也適用於犢。

馬骨軟症、齒面不正、齒槽骨膜炎等常出現吐草的情形，即吃進的草在咀嚼嚥下後又從口內吐出，這不能認為是嘔吐。

引起嘔吐的常見疾病為中毒（如豬食鹽中毒、敵百蟲中毒等）、某

些傳染病（如豬瘟、副傷寒等）以及胃腸疾病（如豬過食、胃炎、胃腸炎、犢胃炎等）、豬蛔蟲病等。

┃ 診斷要點及鑑別診斷

1.了解病史：

注意飼養管理情況，如是否過食、飼料有無更換、有無中毒史。此外還應注意病豬數目、有無傳染病或蛔蟲病的可能。

2.臨床檢查及併發症狀：

豬中毒性嘔吐多為突然發生。如豬在食後嘔吐、吐後貪飲，或幼豬有痙攣現象，多為胃炎；犢嘔吐時，表現食慾不振、虛弱，有時下痢、吐出物為灰白色粥狀，混有奶塊，多為真胃炎。

⑻臌氣

臌氣可為原發的，也可為繼發的並反覆發作。

┃ 診斷要點及鑑別診斷

1.原發性臌氣：

常以急性症狀出現。

⑴多有過食多汁、易膨脹的草料和管理不當的病史。

⑵牛、羊瘤胃臌氣、馬腸臌氣來勢猛，病情急。

⑶病初緊急應用套管針穿刺腹部放氣，常獲良好療效，且不復發。

2.繼發性臌氣：

病情較緩，臌脹稍輕，但常反覆發作。臨診時應注意：

⑴詢問病史時，多能獲得原發病病史。

⑵病畜多有先驅症狀：牛食道阻塞除了臌氣外，還有明顯的流涎，頭頸伸直，或咳嗽等；馬的結症、腸移位、腸扭轉、腸纏結、腸鉗閉所繼發的腸臌氣，雖可能出現急性臌脹，但通過直腸檢查就可作出判定。

⑶繼發性病例中有不少會呈現慢性臌氣，持續時間長，應用穿刺
　術放氣後不久又會再臌脹。牛因前胃弛緩、創傷性胃炎、慢性
　腹膜炎等病所引起的慢性臌氣有復發性，尤其易在每次餵食後
　發生。

㈨腹痛（疝痛）

　　腹痛是多種疾病的共同症狀，其發病率常因飼養管理、地區、季
節情況而有顯著不同。馬、牛、豬都可發生，但以馬的腹痛（疝痛）
最為多見和嚴重。其特點是：發病突然，起臥不安，發展迅速。臨診
時要詳細詢問病史、仔細檢查，透過腹痛這一現象，找出疾病的實質，
盡快作出診斷；並根據不同病情，靈活運用處理措施，及時合理搶救。

┃ 診斷要點及鑑別診斷

　　臨床上具有腹痛症狀的疾病，可分為三類：

1.最常見的是由於胃腸疾病所引起：

　　　胃的疾病主要包括馬的急性胃擴張（氣脹性和食滯性胃擴
　張）、牛的瘤胃積食、急性瘤胃臌氣；腸道疾病主要包括馬的痙攣
　疝（冷痛）、卡他性腸痛、腸臌氣、小腸阻塞（積食）、大腸阻塞、
　腸移位、腸扭轉、腸纏結、腸鉗閉、腸套疊等，以及牛、豬的腸
　套疊、腸鉗閉等。

　　　上述疾病在馬身上表現的疝痛症狀是：病初多站立不安、搖
　頭擺尾、前蹄刨地、回頭看腹或作公馬排尿的姿勢（拉腰）；有的
　肚腹脹滿、氣促喘粗、不願行走、步態緊張；有的則縮腹小跑，
　但很快停下、不斷彎腿欲臥；有的經常躺下，四肢伸直，久不起
　立；有的一下倒地，左右滾轉，連連起臥不止，表現疼痛難忍；
　有的出現犬坐姿勢等。

　　　在臨床上要注意把最常見的馬痙攣疝、急性胃擴張、結症和

腸移位辨別清楚，明確診斷。要達到這一目的，不能單看腹痛姿勢，必須進一步全面檢查、仔細分析。

此外，急性腸炎或中毒引起的胃腸炎、馬的圓形線蟲引起的腸繫膜動脈栓塞、幼駒誤食馬糞所引起的急性不消化、初生駒產後胎糞難下等，都可出現腹痛。

牛、豬的腹痛發作較少。牛因瘤胃積食、瘤胃臌氣所引起的腹痛一般較輕；若為腸套疊、腸鉗閉，則腹痛較重。牛痙攣性腹痛，疼痛劇烈，會突然表現得煩躁不安，出現後肢踢腹、搖尾不止、連連起臥等情況；有的左腹輕微脹大，經半小時左右就出現下痢，減輕疼痛症狀；有的會在幾小時內自行恢復。豬患腸套疊、腸扭轉後所發生的急性腹痛，表現為突然不食、起臥不安、轉圈運動，或有犬坐姿勢甚至倒地打滾、嘔吐的情況；有的亦會出現腸臌氣，糞中帶血等症狀。

2.腸型炭疽、傳染性流產等傳染病，以及豬棘頭蟲病、蛔蟲病、幼畜（豬較多見）臍疝氣、腹壁疝氣及陰囊疝氣等都可能出現腹痛。

3.其他器官疾病如泌尿系統疾病（包括急性腎炎、膀胱炎、牛尿道結石等）、生殖器官疾病（包括子宮扭轉、流產等），其他如馬麻痺性肌紅蛋白尿症、初生騾駒溶血性黃疸等，也都可能出現腹痛。

㈩便祕

便祕 (constipation) 發生的原因，多為飼養管理不當，如長期飼餵單純或不潔淨的草料、飲水和運動不足，或飼料突然改變等。此外，便祕常為發熱疾病（肺炎、胸膜炎、熱射病、日射病等）及一些急性傳染病初期的症狀，馬結症、初生駒胎糞不下、胃熱、胃腸卡他、喘症，牛瘤胃積食、瘤胃弛緩、重瓣胃阻塞、真胃阻塞，豬胃卡他、腸阻塞等也有便祕的表現。

┃ 診斷要點及鑑別診斷

1. 了解病史：

　　應問明飼養管理的情況，特別是草料的種類、飼料的質量及有無改變、飲水的供給、運動或使役等；問明家畜的來源、是否為新近購入，因為地區、氣候和飼養環境的變換，都可能引起便祕；問明伴發的其他症狀。此外還要注意年齡，如年老馬匹因牙齒磨損不平、消化不良，易患便祕；亦可能有初生駒胎糞不下或幼駒誤食馬糞而便祕的情況。

2. 症狀：

　　馬便祕時糞球乾硬而小、色黑、表面裹有黏液。如果初期食慾還好，呼吸、心跳、體溫也無變化，但口渴喜飲、口臭、口色紅燥、舌有黃苔、口內有黏沫、腸音偏弱、糞球乾且小、尿少赤黃，多為胃熱；若精神萎頓、食慾廢絕、體溫微熱、心跳加快，排出覆蓋大量黏液的黑糞球，有時排出白色、灰白色長條黏液或假膜者，為黏液膜性腸炎；若出現腹痛、口色偏紅而乾、舌有黃苔、腸音微弱、不時起臥，直腸檢查有結糞、腸內乾燥，則為結症；若呼吸、心跳加速，體溫升高，就應考慮到熱性病或傳染病的可能性。

　　牛便祕時糞球小、糞量少、顏色黑、覆蓋一層黏液，或者糞不成形、量少，形如泥炭樣。常伴有鼻鏡乾燥、流涎、磨牙，瘤胃蠕動減弱或完全停止，有時出現慢性臌氣。

　　豬便祕時糞乾硬，小如羊糞，表面附著黏液。食慾減少，常作排糞姿勢，或有嘔吐情形，觸診腹部可摸到硬糞，這是腸阻塞。

㈡腹瀉和便血

腹瀉是排糞頻繁、糞便稀如粥狀、液狀或水樣；便血是糞中帶血，為胃腸出血的象徵。

家畜腹瀉多為腸道受到某種刺激後引起腸蠕動增強的結果。一般輕度而短暫的腹瀉，主要是由於飼料突然更換，特別是突然換餵青草或因採食冰凍、腐敗發霉的草料，或因久渴失飲而飲冷水過量所造成。還有的是由於內服過量的瀉劑所致。

嚴重而頑固的腹瀉，表示腸道黏膜發生炎症，所以常為一些傳染病（如炭疽、巴氏桿菌病、豬瘟、仔豬副傷寒、豬傳染性胃腸炎、牛瘟、羔羊痢疾、犢白痢等）、內科病（如馬牛胃腸炎、中毒等）、寄生蟲病（如蛔蟲病、牛羊的胃腸線蟲病、肝片吸蟲病、血吸蟲病、球蟲病等）的一種症狀，輕則引起腸黏膜發炎，重則可造成潰瘍、壞死（如牛瘟、豬瘟、中毒）並發生便血（如炭疽、球蟲病等）。

▌診斷要點及鑑別診斷

1. 注意病程和排糞次數：

炎性腹瀉及因中毒引起的腹瀉，大多起病急、病程短，排糞次數多，或有便血（中毒性胃腸炎）；因傳染病而發生的，多為先便祕、後腹瀉，也可出現便血；因寄生蟲病所引起的，一般病程較長、排糞次數較少，常交替出現腹瀉和便祕。

2. 糞便的性狀及併發的其他症狀：

臨床上較常見的馬急性胃腸炎，糞呈粥狀、色黃或赤黃、腥臭，發病急速，可能伴有黏液或假膜，並常有全身症狀。馬患結症，因投服瀉劑過量而發生的腹瀉，糞呈液狀、色黃、多無臭味，也無黏液或假膜，嚴重者有脫水現象。老年馬脾虛胃弱，往往糞渣與水分別排下，嚴重者呈水瀉；其外形毛焦身瘦、口色淡白、

舌無苔、脈沉遲，常有心律不整、腸音旺盛者。馬患痙攣疝會突
然發生腹瀉，糞呈液狀或水狀、無黏液、腹痛、腸音高朗、體表
及四肢發涼。

　　牛因飼養管理不當所引起的脾胃虛寒作瀉，糞呈粥樣而不腥
臭、無黏液、假膜或血。如果是溼熱瀉，糞色黑且腥臭難聞，有
時伴有血液、黏液、假膜等。若稀糞伴有大量血液、假膜，腥臭
難聞，見於牛瘟；若稀糞伴有血塊，同時消瘦、貧血，見於犢球
蟲病。慢性腹瀉伴有貧血、頷下水腫，見於牛、羊肝片吸蟲病、
胃腸線蟲病。

　　豬的腹瀉，糞稀呈黃白色，無血、無臭、無黏液，見於一般
性腹瀉；若先便祕後下痢或帶血，糞呈稀粥樣、色黃腥臭，常有
體溫中熱，側臥不起的情形，見於仔豬副傷寒、急性胃腸炎或腸
炎；糞稀如水，伴有較多的血液和黏液，全身症狀嚴重，迅速脫
水衰竭，甚至突然死亡，見於豬瘟、炭疽等；稀糞中混有血液，
並伴有消瘦、貧血、腹痛症狀，見於豬棘頭蟲病。

㈡血尿和血紅素尿

　　家畜尿中帶血，在病理上主要有二種情況：一為血尿，即尿液中
有紅血球；二為血紅素尿，即尿液中有血紅素。

引起血尿的主要原因有：

1. 泌尿器官疾病（如急性腎炎、急性膀胱炎、尿道炎）以及因跌傷、
踢傷、打傷而使泌尿器官受到損害。

2. 其他疾病，如炭疽、牛鉤端螺旋體病等。

　　血紅素尿見於牛焦蟲病、牛巴貝斯焦蟲病、馬麻痺性肌紅蛋白尿
症、初生騾駒溶血性黃疸、乳牛產後血紅素尿症等。

▌診斷要點及鑑別診斷

1.判斷血尿來源的部位：

開始排尿就見有血，後來反而清晰無血，血多來自尿道；若第一段尿中無血，而在最後幾滴出現，血多來自膀胱；若尿中自始至終都有血，血和尿完全混合，色調一致，則血多來自腎臟。

2.鑑別診斷：

⑴血尿：

①尿中有血液凝塊，多屬膀胱或尿道出血。

②血尿有外傷史的，多為泌尿器官受傷。

③血尿伴有尿少、水腫，尿中含有大量蛋白，顯微鏡檢查有腎上皮管型，多為腎炎。

④血尿伴發輕微腹痛、時作排尿姿勢、尿呈點滴狀而混濁、顯微鏡檢查有很多鱗狀上皮細胞（膀胱上皮細胞），多為急性膀胱炎或膀胱結石。

⑵血紅素尿：尿色呈棕紅、深紅甚至黑紅，無血塊，血量較多，血和尿混合而下，見於初生騾駒溶血性黃疸、奶牛產後血紅素尿症、馬麻痺性肌紅蛋白尿症、牛焦蟲病等。

㈤黃疸

黃疸是由於血液中膽紅質增高，臨床上出現可視黏膜（眼、鼻、口、生殖器）發黃，是多種疾病的一種症狀。檢查應在充足的自然光線下進行。根據發生原因的不同，可分為三種不同性質的黃疸：

1.溶血性黃疸：

見於初生騾駒溶血性黃疸病、牛焦蟲病、馬焦蟲病、鉤端螺旋體病等。

2. 實質性黃疸（肝細胞性黃疸）：

　　見於馬傳染性貧血、傳染性胸膜肺炎、流行性感冒、傳染性腦脊髓炎及某些中毒如砷及有機磷中毒、馬霉玉米中毒等。

3. 阻塞性黃疸：

　　見於馬結症（小腸阻塞）、十二指腸炎症、牛羊肝片吸蟲病等。有的豬膽道蛔蟲病也出現黃疸。

▎ 診斷要點及鑑別診斷

1. 發病和病程：

　　病畜發病快、病程短，往往突然出現黃疸，體溫中熱或高熱、精神沉鬱、呆立不願行動，常屬急性，多見於溶血性、實質性黃疸，特別是一些急性傳染病，如血孢子蟲病、初生騾駒溶血性黃疸病等；黃疸出現緩慢，體溫正常或微熱，精神無明顯變化，但逐漸消瘦、衰弱、貧血、腹下及頜下水腫、便祕、糞便呈淡灰色、尿呈鮮黃色，常屬慢性，多見於阻塞性黃疸（如牛、羊肝片吸蟲病）。

2. 尿的顏色：

　　尿呈黃褐色或呈黃綠色，振搖後在其上層產生黃綠色泡沫，表明尿內含有膽紅素，見於溶血性、實質性黃疸。初生騾駒患有溶血性黃疸時，尿多呈咖啡色或紫紅色甚至黑紅色，無沉澱。

3. 糞的顏色：

　　糞便呈深黃色，見於溶血性黃疸；糞便淡如陶土色，見於阻塞性黃疸；糞色深淺不一，見於實質性黃疸。

4. 實驗室檢查血清中的膽紅素時，根據范登堡氏法鑑定其直接或間接反應。直接反應顯著的，多見於阻塞性黃疸；間接反應明顯的，多見於溶血性黃疸。

此外，妊娠或老年家畜有時也會出現黃疸，但不嚴重，也無其他症狀，這是假性黃疸，不是病理現象。

㈤水腫

組織間隙存積過量的水樣液體，叫做水腫。臨床上常發生在胸前、腹下、陰鞘、會陰部、頷下、四肢等部位。發病的主要原因有的是由於心臟或局部的循環擾亂；有的是因腎臟、肝臟的機能障礙及營養不良，或鹽類代謝擾亂；有的則由某些傳染病、寄生蟲病所引起。

▍診斷要點及鑑別診斷

1.心臟性水腫：

各種器質性心臟病發生心力衰竭時，都可能出現水腫，較常見的有慢性心內膜炎及慢性心肌炎所出現的四肢和腹下水腫。

2.虛弱性水腫：

見於各種慢性貧血，如馬傳染性貧血，羊肝片吸蟲病、捻轉胃蟲病、營養不良等。水腫發生在頷下、胸下、腹下及四肢下端，患部不痛、不紅、不熱。

3.炎性水腫：

往往是細菌感染的炎症所引起。患病初期，病區局部增溫、皮膚紅腫、疼痛，與周圍健康組織有明顯的界線，而後出現水腫，見於馬炭疽病（常在頸部、前胸部）、綿羊惡性水腫病（常在頭部）、馬腺疫（常在頷下、頰部）、牛出血性敗血病（常在頭、頸部和前胸部）等。

4.血管神經性或變態反應性水腫：

表現為一種搔癢不安的風疹塊伴發水腫及中毒的症狀，見於家畜血清病（牛常在頭部、會陰部、乳房）、馬牛蕁麻疹（牛常在嘴唇、眼瞼、會陰部；馬則在頸及胸、腹壁兩側）、馬媾疫（常在

陰莖包皮、陰囊、陰唇、腹下）、馬血斑病（常在頭部、腹下）等，發生迅速，多數消退也快。

5. 腎性水腫：

見於腎炎後期，常出現後腿水腫。病畜伴有少尿、蛋白尿。顯微鏡檢查尿沉渣，可發現大量小圓形細胞（腎上皮細胞）。

6. 運動不足、循環障礙性水腫：

多發生於腹下，俗稱「肚底黃」。

7. 妊娠水腫：

見於懷孕馬、牛在產前自乳房至臍部一帶或後肢發生的水腫，但產後很快自行消退。

㈮昏迷

當大腦皮質機能受到嚴重抑制時，病畜的意識、感覺和隨意運動就會完全喪失，呈現昏迷，是一種嚴重的病理狀態。深度昏迷時，病畜肌肉弛張、不會自主運動、不能飲食、大小便失禁，各種反射也都消失，甚至瞳孔放大，但呼吸和循環等機能仍然存在，病畜常於 12 至 15 小時內死亡；昏迷較淺時，病畜沉睡，只有在強烈刺激下（如針刺）有反應，反射仍然存在，四肢有不和諧的動作。

昏迷常見於重症高熱病（如牛瘟、敗血症、豬瘟、豬丹毒、熱射病等）、各種腦病（腦震盪和挫傷、腦脊髓炎）、有機農藥中毒以及代謝病（如牛豬產後癱瘓、牛酮病、仔豬低糖症的後期）。因此必須及早發現，及早處理。

㈯痙攣和驚厥

痙攣是病畜肌肉的不隨意收縮，一般限於單獨或鄰近的一組肌肉。若擴展到全身大部分肌群，病畜就不易維持身體平衡，這稱做驚厥。

　　引起痙攣和驚厥的原因有：

1. 神經系統病變：

　　　　如腦外傷、腦寄生蟲病（如羊腦包蟲病、馬和羊的腦脊髓絲狀線蟲病）、癲癇 (seizure) 等。

2. 感染：

　　　　多由於炎性刺激，常伴有高熱，如馬傳染性腦脊髓炎、豬瘟、炭疽、破傷風、李氏桿菌病、羊腸毒血症等。

3. 新陳代謝障礙：

　　　　如牛產後癱瘓（乳熱病）、酮病、仔豬維生素缺乏及鈣、鎂缺乏症。

4. 中毒：

　　　　飼料中毒、肉毒梭菌中毒及 DDT、有機磷、磷化鋅等中毒。

▋ 診斷要點及鑑別診斷

　　在臨床上較常見的痙攣和驚厥：

1. 侷限於個別肌肉的輕微性痙攣，常見於熱性病和傳染病的初期。牛患有創傷性心包炎時，常出現肘部肌肉痙攣。

2. 單一肌肉、肌群在短時間內一個接著一個收縮，在收縮之後隨即變得遲緩，有時還會波及到鄰近的肌群，見於嚴重的傳染病、中毒、新陳代謝障礙的疾病。

3. 導致較多的肌群（特別是四肢、頭、頸）痙攣，同時喪失知覺，甚至昏迷、瞳孔擴張、失明、口噤，有時口吐白沫或大小便失禁，發病急驟，見於中毒、癲癇、馬腦脊髓炎等。

4. 肌肉長時間發生強直性的痙攣，見於破傷風等。

(七)**癱瘓**

癱瘓是運動機能減弱或完全喪失。在臨床上一肢癱瘓或體軀一側的偏癱比較少見；兩後肢的截癱、全身癱瘓則較多見；有時也可見兩前肢截癱。馬癱瘓的診斷比較困難。

引起癱瘓的原因複雜，其中較為常見的疾病有：

1.傳染病：

如馬傳染性腦脊髓炎、狂犬病、豬的李氏桿菌病等；寄生蟲病，如馬、羊腦脊髓絲狀線蟲病等；中毒病，如馬霉玉米中毒等。

2.代謝疾病：

如馬麻痺性肌紅蛋白尿症、牛產後癱瘓、豬鈣鎂缺乏症、牛酮病等。

3.腦、脊髓疾病：

如腦膜腦炎、脊髓炎、脊髓挫傷等。

此外，脊椎骨折、骨盆骨骨折以及坐骨神經麻痺等，也會發生後軀癱瘓。

┃ **診斷要點及鑑別診斷**

1.詳細詢問病史：

問明發病原因、起病經過和季節性。注意當時當地有無傳染病或類似病症的流行或散發；有無中毒因素；有無跌傷、翻車、挫傷或施行外科手術放倒的病史；最近有無改變草料，特別注意有無霉敗草料。

2.注意併發症狀：

(1)大腦性癱瘓：常伴有意識擾亂、初興奮，後沉鬱、昏迷和驚厥、視覺擾亂或失明。

⑵脊髓癱瘓：常有外傷史，呈現後肢癱瘓較多，前肢癱瘓較少。病初無意識擾亂，主要是行走、站立不穩，倒地不能起立。由於脊髓受傷部位不同，癱瘓部分和表現的症狀也有差異。受傷的前方部分，肌肉的緊張度及反射正常；受傷的後方部分，肌肉呈弛緩性麻痺狀態，感覺及反射消失。較常見的腰椎或腰、薦椎部分受傷，可引起兩後肢截癱，腰、胯、兩後肢、肛門等都失去感覺，大小便失禁。

⑶代謝障礙性癱瘓：牛、豬常伴有昏迷、呼吸遲緩，體溫較低；馬則為後肢癱瘓、腰肌腫脹、尿呈深紅色或咖啡色，如馬麻痺性肌紅蛋白尿症等。

⑷寄生蟲性癱瘓：馬突然發生運動障礙，起初行走搖擺、步態出現異樣，之後倒地不能起立、後肢癱瘓等；羊常伴有痙攣或驚厥。

㈥**搔癢**

家畜的搔癢最常見於皮膚炎，例如溼疹、疥癬、錢癬等。馬蟯蟲的雌蟲在馬肛門周圍產卵，會引起肛門附近奇癢。但在無反常狀態，也無外寄生蟲存在的情況下，有時也會因為皮膚功能受到擾亂，出現暫時性或持續性的搔癢，這主要繼發於慢性胃腸卡他、慢性肝腎疾病、血清病與某些傳染病（如馬破傷風、狂犬病、假性狂犬病等），以及某些中毒病等。此外，在妊娠期中、發情或胎死腹中時，偶爾也會出現皮膚搔癢現象。

▍診斷要點及鑑別診斷

1.注意觀察病畜的皮膚狀態，以鑑別是屬於皮膚炎、外寄生蟲病或是內科病、傳染病。

2.問明使用血清、疫苗的經過情況。

3.病畜有下列症狀：咬、舔、踢、擦自己軀體的不安動作，且多為間歇性，病期不定，有的演變為慢性長期不癒；有的會擦破皮膚，常有脫毛情形，且日漸消瘦。

4.溼疹和疥癬的鑑別診斷：

　(1)溼疹多突然發病，主要見於夏季，到冬天不治自癒，呈急性或慢性過程，無接觸傳染性；疥癬發病較慢，多發於秋末冬季，到夏季減輕，呈慢性過程，有高度接觸傳染性。

　(2)溼疹有皮膚表層的炎症，最初皮膚發紅、微腫、敏感搔癢，而後發生丘疹、小泡，隨後水泡破裂而呈溼性，常見皮膚擦傷後變粗厚，並有脫毛現象；疥癬多在皮膚形成大量皮屑、痂塊和厚層皺襞，因而變得堅韌，呈持續性搔癢。

　(3)溼疹多見於馬，其發病部位常見於四肢、尾根，也有的發生於頸部、肩部。牛、豬也會發生，但較少。疥癬常見於羊、馬、豬、牛，其發病部位多在頭部、頸部；綿羊發生於軀幹部的也較常見。

　(4)以顯微鏡檢查，疥癬可找到蟲體，溼疹則無。

(九)脫毛

　　家畜的皮膚炎（溼疹）、外寄生蟲（尤其是疥癬）、錢癬等，是引起脫毛最常見的原因。也有的是由於營養不良、吃腐敗飼料、缺乏維生素、胃腸卡他和某些傳染病（如假性狂犬病）以及砷、汞中毒等所引起。

▎診斷要點及鑑別診斷

　1.局部的脫毛常見於溼疹、疥癬、錢癬等，並伴發搔癢。

　2.顯微鏡檢查有無疥癬、真菌孢子。

習 題

解釋下列名詞。

1. 潮紅
2. 發紺
3. 狹窄呼吸音
4. 興奮型的意識狀態
5. 沉鬱型的意識狀態
6. 氣腫
7. 稽留熱
8. 弛張熱
9. 氣喘
10. 吸氣性呼吸困難
11. 嘔吐
12. 疝痛
13. 便祕
14. 腹瀉
15. 血紅素尿
16. 黃疸
17. 水腫
18. 痙攣
19. 溼疹
20. 驚厥

◆ 8-3　草食獸消化系統疾病 ◆

8-3-1 口炎

　　口炎 (stomatitis) 是口腔黏膜的炎症，包括舌炎、顎炎和齒齦炎。臨床上以食慾部分或完全喪失、呾嘴和流涎過多為特徵。

㈠病因

1. 物理因子，包括投藥、異物、錯位的牙齒、植物尖利的芒和刺等引起的創傷。
2. 化學因子，包括刺激性物質（如水合氯醛、酸、鹼）和刺激性藥物（如汞和斑蝥製劑）等。
3. 細菌性口炎通常為壞死性，並出現潰瘍與化膿。
4. 病毒性口炎則有水泡性、糜爛性、潰瘍性和增生性等。

㈡症狀

　　食慾部分或完全缺乏；咀嚼緩慢而疼痛；咀嚼和呾嘴動作都伴有流涎或呈少量泡沫狀，當動物不能正常吞嚥時則大量流出。繼發於全身性疾病的口炎或該處組織發生壞死時，可能出現毒血症。

㈢治療

　　假如懷疑有傳染病，病畜須隔離，並用單獨的飼槽餵食。一般治療包括多次給予溫和的防腐漱口劑（如 2% 的硫酸銅溶液、2% 的硼砂懸液或 1% 的磺胺甘油混懸液）；頑固的潰瘍則必須進行更有效的治療，如施行刮除術或用硝酸銀棒（或碘酊）腐蝕，均有良好效果。

8-3-2 咽炎

咽炎 (pharyngitis) 是咽的炎症，臨床上以咳嗽、吞嚥疼痛和食慾缺乏為特徵。

㈠病因

病毒的咽炎常是其他原發病的一部分。常是馬的腺疫、咽炭疽及口腔壞死桿菌病的一個重要特徵。其他病因則如放線桿菌病、異物等。

㈡症狀

病畜可能拒絕採食或飲水，若有，則吞嚥勉強，而且明顯疼痛。從外部用手壓迫喉頭可引起爆發性咳嗽。鼻液呈黏液膿性，有時含血液。自發咳嗽，嚴重病例有液體和食物從鼻孔回流。如疑有異物，大型動物可使用開口器作咽部觸診，對馬也可通過鼻孔作內視鏡檢查。

㈢診斷

咽炎的綜合症表現為急性發作和局部疼痛。內視鏡檢查咽黏膜常有診斷價值。

㈣治療

必須治療原發病，治療方式通常是注射抗生素或磺胺劑；口服磺胺劑或碘化物治療則可用於慢性病例。對馬，可將藥物混入糖漿作成舐劑或製作局部噴霧。

8-3-3 咽梗塞

咽梗塞 (pharyngeal obstruction) 伴有呼吸時出現鼾聲、咳嗽和吞嚥困難。

㈠病因

咽後淋巴結增大，牛可見於結核病、放線桿菌病和淋巴瘤病；馬可見於腺疫。大的異物包括骨頭、玉米棒和一般金屬絲等均可引起梗塞。有些牛的個別病例可由纖維性或黏液性息肉所引起。

㈡症狀

吞嚥困難。病畜飢餓欲食，但因不能吞嚥而將食物又從口中咳出。明顯的症狀是吸氣時打鼾，聲音常響到幾碼外就可聽見。吸氣延長而腹部顯著用力。咽部聽診有響亮的吸氣鼾聲。

㈢診斷

結核病、放線桿菌病和腺疫等病的原發性症狀有助於診斷。

㈣治療

可以通過口腔取出異物。通常用碘化物治療放線桿菌性淋巴結炎有效；注射青黴素 (penicillin) 治療腺疫膿腫可以痊癒。

8–3–4 食道炎

食道炎 (oesophagitis) 最初伴有痙攣和梗塞症狀，吞嚥與觸診會造成疼痛，並會回流帶血的黏性物質。

㈠病因

因食入化學性或物理性刺激物所引起的原發性食道炎，通常伴有口炎和咽炎。因異物或送入胃管過於用力，導致劃破黏膜時也會發生。

㈡症狀

在急性期，會有流涎和試圖吞嚥時引起劇烈疼痛的情況，特別是馬。某些病例不能吞嚥，試圖吞嚥時則隨之發生回流和咳嗽，並伴有疼痛的噯氣運動，和頸部與腹部肌肉用力收縮的現象。回流出來的東

西可能含有大量黏液和一些新鮮血液。如果食道炎發生在頸部，則在對頸靜脈溝觸診時可引起疼痛並可摸到腫脹的食道。若發生穿孔，則局部疼痛、腫脹，常有捻髮音。

㈢診斷

食道炎可能被誤認為咽炎，兩者常同時發生。但咽炎時嘗試吞嚥的結果並不會很嚴重，而且更容易咳嗽。局部觸診可能有助於明確辨別損傷的位置。

㈣治療

應禁食 2～3 天，在此期間動物需從靜脈補充營養，並以抗生素注射治療。

8-3-5 食道阻塞

食道阻塞 (oesophageal obstruction) 可能呈現急性或慢性，症狀為不能吞嚥、食物和飲水回流，以及反芻動物發生瘤胃臌脹等，急性病例伴有劇烈痛苦。

㈠病因

在牛，最常見的原因是被硬物阻塞；在馬，常見的原因則為未充分咀嚼或缺乏唾液混合的乾飼料，特別是乾的甜菜渣或麩皮。

㈡症狀

急性梗塞。牛的梗塞通常是在喉的正上方或者胸腔入口處的頸部食道。病畜突然停止吃食並表現得焦急不安，有用力吞嚥、回流、流涎、咳嗽和連續的咀嚼運動。如果完全梗塞，則會迅速發生臌脹而使病情加重。

　　馬的臨床症狀與牛相似，但更為嚴重。發生食道阻塞時，馬可能會有非常用力吞嚥或乾嘔的劇烈反應。

　　慢性梗塞無急性症狀。牛最早出現的症狀為慢性瘤胃臌脹，嚴重程度通常中等，並可持續很長時間而不表現其他症狀。

⊜診斷

　　臨床病狀是典型的，但可能誤認為食道炎。食道炎的局部疼痛更加明顯，並常伴有口炎和咽炎。

㈣治療

　　急性梗塞有明顯痛苦時，必須在進行治療之前力圖使動物鎮靜。投服鎮靜劑或水合氯醛，對於緩解食道痙攣也有幫助。送胃管或食道探子通常必須將梗塞物送下食道。原則上，在馬食道梗塞時主要是採取鎮靜和等待等保守措施，可持續 48 小時，然後再採取根本的措施，如全身麻醉、排除梗塞的操作或食道切開術。

　　在梗塞物被排除之前應禁止飲食，尤其是麻痺引起的慢性病例，可能需要反覆虹吸以排除積聚的液體。慢性梗塞的治療常常無效。

8-3-6 胃腸炎

　　胃腸炎 (gastroenteritis) 是指胃腸表層黏膜及其深層組織的炎症病變。由於胃腸的解剖結構及生理機能均密切關連，因此胃或腸的結構性損傷或功能性紊亂均能相互影響，因而同時或相繼發病。

㈠病因

1.原發性胃腸炎：

　　　　凡能引起胃腸卡他的致病因素，同樣也可以導致胃腸炎。在眾多的胃腸炎原因中，飼養管理上的錯誤占首位。可能是家畜採

食品質不良的草料（如霉敗的乾草、冷凍腐爛的塊根、青草及青貯、發霉變質的玉米、大麥及豆餅等）及有毒植物，或誤食被化學藥品或農藥汙染的飼料等所引起。營養不良、長途運輸也會降低家畜的免疫系統防禦能力，導致胃腸機能減弱，使平時腐生於胃腸道內的細菌（如大腸桿菌及壞死桿菌等微生物）發作而致病。此外濫用抗生素也可能造成細菌產生抗藥性，在用藥過程中造成腸道菌叢失調，因而引發二次感染。

2.繼發性胃腸炎：

　　見於各種病毒性傳染病（如牛傳染性鼻氣管炎、牛病毒性下痢等）、細菌性傳染病（如馬腸型炭疽、牛副結核等）、寄生蟲病（各種生長在消化道內的寄生蟲），很多內科病也可能繼發腸炎，如急性胃擴張、腸胃異位等。此外心臟病、腎臟病及產科病等也均可能繼發胃腸炎。

㈡症狀

　　胃腸炎的部分症狀與急性胃腸卡他相似，只是在程度上有所不同。病畜的症狀包括精神沉鬱、食慾減退或廢絕、渴慾或增加或廢絕、眼結膜先潮紅後黃染、舌苔重、口乾臭、四肢或鼻端等末梢冷涼。

　　腹瀉是胃腸炎的重要症狀之一，病畜會排泄軟糞、水樣糞，有時並含有血液、黏液及黏膜組織，甚至混有膿液及惡臭。患病後期，腸音減弱或停止、肛門鬆弛，若腹瀉持續時間較長，腸音會消失，並出現裡急後重的現象，有痛苦的努責，但無糞便排出。當嚴重脫水時，眼球下陷、皮膚彈性減退；脈搏快而弱，往往呈現不感脈；濃血症，尿量減少，腎機能因循環障礙而受到損壞，並可能發生非腎性的尿毒症；被毛逆立無光澤，伴發不同程度的腹痛；此外可能還會出現全身肌肉搐搦、痙攣或昏迷等神經症狀。

㈢治療

　　首先要查明病因並將之排除。治療原則為清理胃腸、保護胃腸黏膜、制止胃腸內容物發酵腐敗、維護心臟機能、解除中毒、預防脫水及增強家畜抵抗力等。

8-3-7 腹瀉

　　造成腹瀉的常見原因如表 8-5 至表 8-7：

▶ 表 8-5　以腹瀉為重要臨床症狀的牛病之流行病學和臨床特徵

病因學因子或疾病		病畜的年齡、類別及重要的流行病學因素	主要的臨床症狀和診斷標準
細菌	產腸毒素的大腸埃希氏菌	小於 10 日齡的新生犢牛，初乳免疫狀態決定是否能存活；常爆發	急性嚴重水瀉、脫水和酸中毒；糞便培養以查明腸病原菌的類型
	沙門氏菌	各種年齡的牛；常爆發；應激誘發	急性腹瀉、痢疾、發熱和可能死亡率高；糞便培養
	B 型和 C 型產氣莢膜梭菌	幼齡營養良好的犢牛	嚴重出血性腸毒血症，迅速死亡；糞便抹片
	副結核分枝桿菌	成年牛；散發；個別動物發病	慢性腹瀉伴有體重減輕和長的病程，治療無效；特殊試驗
	變形桿菌、假單胞菌	曾長期用抗生素治療腹瀉的犢牛	慢性至亞急性腹瀉，療效不佳，進行性體重減輕；糞便培養
真菌	念珠菌	長期口服抗菌藥的幼齡犢牛	慢性腹瀉，治療無效；糞便抹片
病毒	輪狀病毒	新生犢牛；爆發	急性嚴重水瀉；在糞便中查明病毒
	牛病毒性腹瀉	8 月齡至 2 歲的青年牛；一般呈散發，但可發生流行	糜爛性胃腸炎和口炎，嚴重病例死亡；病毒分離
	牛瘟	高度接觸傳染；呈瘟疫型發生	糜爛性口炎和胃腸炎，發病率和死亡率高
	牛惡性卡他熱	通常成年牛發病；呈散發，但可見小的爆發	糜爛性口炎和胃腸炎，淋巴結增大，眼的損害，血尿和最終發生腦炎；用全血進行傳染實驗

病因學因子或疾病		病畜的年齡、類別及重要的流行病學因素	主要的臨床症狀和診斷標準
蠕蟲	奧斯他胃蟲病	放牧的青年牛	急性或慢性腹瀉、脫水和低蛋白血症；糞便檢查、血漿胃蛋白酶原
原蟲	艾美耳球蟲	幼犢和一歲牛	痢疾，裡急後重，神經症狀；糞便檢查有診斷意義
	隱孢子蟲	新生犢牛；不普遍	腹瀉；糞便抹片
化學因子	砷、氟、銅、氯化鈉、汞、鉬、硝酸鹽、有毒植物、真菌毒素中毒	各種年齡的牛；有接近致病物質的病史；爆發	各種嚴重程度的腹瀉、痢疾、腹痛，某些病例有神經症狀、脫水、毒血症；糞便和組織的分析
物理因子	砂、土、青貯料、含乳酸的飼料（酸腐的釀酒的穀物）	一般為成年牛；有接近致病物質的病史；爆發	急性，亞急性腹瀉和毒血症，糞便中可見砂粒 ；檢查瘤胃的 pH 值
營養缺乏	以鉬過多為條件的銅缺乏	通常為放牧於含鉬量高的草場上的成年牛	亞急性和慢性腹瀉、骨營養不良、無全身性影響，毛變色；肝和血液的分析
飲食	過食	幼犢過食牛乳	輕微腹瀉，糞便量大和呈淡黃色；臨床診斷
	單純消化不良	成年乳牛的日糧改變（由草變為青貯料）或給肥育牛穀物	亞急性腹瀉，在 24 小時內正常；臨床診斷一般已夠用
	劣質的代乳品	用加熱變性的脫脂乳為犢牛生產代乳品	亞急性至慢性腹瀉，進行性消瘦，除了母牛的全乳外，常規的治療無效；代乳品的凝結試驗
其他病因或病因不明	冬痢	成年舍飼母牛；爆發	急性流行性的過性腹瀉和痢疾，持續 24 小時；通常不能觸診
	腸二糖酶缺乏	可能在幼犢發生；散發	亞急性腹瀉，除停止給乳外，一般治療無效；乳糖消化試驗
	充血性心力衰竭	成年牛；散發	與內臟水腫有關的嚴重水瀉
	毒血症（最急性大腸菌類乳房炎）	散發	最急性乳房炎的內毒素血症引起的急性腹瀉；乳汁培養

▶ 表 8-6　以腹瀉為重要臨床症狀的馬病之流行病學和臨床特徵

病因學因子或疾病		病畜的年齡、類別及重要的流行病學因素	主要的臨床症狀和診斷標準
細菌	沙門氏菌	幼駒；成年馬在刺激之後	急性劇烈腹瀉、嚴重脫水、糞便有惡臭氣味，白血球減少和中性白血球減少；糞便培養、低鈉血
	駒放線桿菌	新生幼駒；可能是畜群問題	沉鬱，腹瀉突然發作，死於 24 小時之後；腎臟的微膿腫
	馬棒狀桿菌	有呼吸病病史的幼駒	與馬棒狀桿菌性肺炎有關的肺炎；從呼吸道取樣培養
	梭菌病	任何年齡都可發病，與 X-結腸炎相似；可由應激和飼料誘發	急性，有惡臭氣味的嚴重水瀉，24 小時後死亡；腸內和糞便內有大量 A 型產氣莢膜梭菌
病毒	輪狀病毒	新生幼駒；呈畜群爆發	在數日齡時嚴重水瀉，通常平靜地恢復；糞便分離
真菌	煙曲霉	幼駒和以抗生素口服治療過的賽馬；不常見	慢性腹瀉；糞便抹片
寄生蟲	圓線蟲、毛線蟲和蛔蟲	通常大於 6 月齡的個別馬；必須是大量侵襲	急性、亞急性或慢性腹瀉，可能有低蛋白血症；糞便檢查
物理因子	砂石疝	放牧於多砂的草地或採食含過多量砂或土的飼料的馬匹	急性或慢性腹瀉、疝痛、大腸阻塞；糞便含砂
	緊迫誘發	常在延長的外科麻醉之後發生	急性嚴重水瀉、嚴重脫水，死亡可發生於 24～48 小時之內；白血球減少和中性白血球減少
	磺琥辛酯鈉中毒	用於治療大腸阻塞的磺琥辛酯鈉劑量過大	在用藥劑量過大之後 24 小時突然發生厭食、麻痺性腸梗阻、明顯脫水和腹瀉，死亡可能於 36 小時內發生
腫瘤	淋巴肉瘤	個別馬發病	慢性腹瀉，進行性體重減輕，治療無效；需要作腸的活組織檢查
特異體質的腹瀉或病因不明		個別馬；散發，無可辨識的誘因	慢性難以治療的腹瀉，標準治療無效；檢查時可見絨毛有某些輕微的萎縮，別無其他診斷性的症狀

病因學因子或疾病		病畜的年齡、類別及重要的流行病學因素	主要的臨床症狀和診斷標準
其他病因或病因不明	X-結腸炎	個別動物，通常是成年馬，但也可能侵害 1 歲的馬；可能由緊迫誘發	最急性嚴重水瀉，突然發作，迅速虛脫和死亡，療效不佳
	肉芽腫性腸炎	個別動物，通常是成年馬	慢性體重減輕，腹瀉並非主要的臨床症狀
	四環素誘發	用常用劑量的 5～10 倍的四環素治療的馬	急性嚴重水瀉，嚴重脫水，於 24～48 小時後死亡

▶ 表 8-7　以腹瀉為重要臨床症狀的綿羊病之流行病學和臨床特徵

病因學因子或疾病		病畜的年齡、類別及重要的流行病學因素	主要的臨床症狀和診斷標準
細菌	產腸毒素的大腸埃希氏菌（大腸桿菌病）	在擁擠的產羔棚中的新生羔羊；寒冷的天氣；爆發；初乳不充足；初產母羊不認羔；乳房發育不良	急性腹瀉（黃糞）、敗血症和迅速死亡；糞便培養以檢查產腸毒素的大腸埃希氏菌
	B 型產氣莢膜梭菌（羔羊痢疾）	10 日齡以內的新生羔羊；擁擠的產羔棚	突然死亡、腹瀉、痢疾、毒血症；糞便抹片
	沙門氏菌	新生羔羊；妊娠晚期的成年綿羊	羔羊的急性腹瀉和痢疾、急性毒血症
病毒	輪狀病毒	新生羔羊；許多羔羊患病	急性嚴重水瀉，無毒血症；如無繼發的併發症，通常自然康復；病毒分離
寄生蟲	細頸線蟲	放牧的 4～10 週齡的羔羊；突然發作；爆發；有寄生蟲需要的理想的環境條件	厭食、腹瀉、渴感，如果不治療，10～20% 的羔羊會死亡；糞便檢查
	奧斯他胃蟲	10 週齡和較大的羔羊以及放牧於青草的青年母羊；分為 I 型和 II 型	許多羔羊會腹瀉、體重減輕，皺胃炎
	毛圓線蟲	4～9 月齡的較大的羔羊	遲鈍、厭食、體重減輕和慢性腹瀉；糞便檢查
原蟲	艾美耳球蟲	草地上載畜量過大，室內過於擁擠，環境衛生不佳；通常在斷奶和移入肥育地之後發生	急性和亞急性腹瀉和痢疾，體重減輕，死亡率可能高；糞便檢查

8-3-8 各種胃腸機能障礙

┃ 原發性胃腸機能障礙的臨床症狀

1. 食慾不振至厭食，不能回流和反芻。
2. 肉眼就可觀察到瘤胃弛緩或運動過強，並可由聽診查出。
3. 通過腹壁可摸到異常的瘤胃內容物，可感覺到內容物乾燥或發現液體的濺潑聲；可見腹部異常膨脹或緊縮。
4. 腹痛通常呈甚急性，以拱背或踢腹和伸腰的急性腹痛症狀為特徵。如有侷限性或瀰漫性腹膜炎，則腹部叩診或深部觸診時可發現腹痛。
5. 糞便異常，糞便量通常增大並有甜酸氣味。
6. 體溫、心率和呼吸變化不定，在伴有毒血症的急性瀰漫性腹膜炎時，體溫一般正常或低於正常，在甚急性和慢性腹膜炎時體溫一般正常。

反芻動物各種胃腸機能障礙原因的區別診斷列述如表 8-8。

▶ 表 8-8　胃腸機能障礙原因的鑑別診斷

疾病	流行病學和病歷	臨床症狀	臨床病理學	治療效果
單純消化不良	飲食不慎，過食適口、難消化、變敗或冰凍的飼料；可能爆發	單純胃腸弛緩；康復期間糞便量大	瘤胃的酸度稍有改變，但可自行調整	及時治療效果良好，通常用緩瀉劑
急性創傷性蜂巢胃腹膜炎	接觸金屬碎片；散發，通常發生在成年牛	突然發作，胃腸弛緩並伴有輕度發熱；運動和叩診劍突處時疼痛，拱背；常便祕；持續 3 天，然後開始改善	中性白血球增多和核左轉	保守藥物療法或外科治療效果良好

疾病	流行病學和病歷	臨床症狀	臨床病理學	治療效果
瘤胃臌脹	放牧於茂盛的豆科植物草地或飼餵粗飼料少的肥育日糧，特別是苜蓿乾草時，發生泡沫性臌脹；游離氣體性臌脹為繼發性，偶爾以貯藏飼料餵飼時可能呈原發性臌脹	腹部明顯膨脹，特別是左側突出；突然發作；劇烈疼痛和呼吸困難，瘤胃強有力地運動直至最後；糞便稀薄；瘤胃叩診時有鼓響音	無	及時治療效果好，胃管排氣，泡沫性臌脹時用泡沫消散劑，嚴重病例可能需要用套管針穿刺或施行緊急瘤胃切開術
過食碳水化合物	採食大量不習慣的易發酵之碳水化合物；在肥育場日糧中穀物量多時易發，呈地方病	嚴重的胃腸弛緩，伴有瘤胃活動完全停止；瘤胃內有液體濺聲；嚴重脫水，循環衰竭；明顯失明，然後躺臥，過於虛弱而難以站起；糞便稀軟有臭味	血液濃縮和嚴重酸中毒，瘤胃內pH 值為 4.5，血清磷升高至 10 mg/100 mL，瘤胃內無活的原蟲	為使動物存活，需用大量的液體和電解質治療；可能需要施行瘤胃切開術或用鹼化劑灌洗瘤胃
慢性創傷性蜂巢胃腹膜炎	以前有急性侷限性腹膜炎病歷	食慾不振至厭食，體重減輕；體溫、呼吸和脈搏正常；瘤胃小而弛緩，常有慢性中度臌脹；糞便減少；深部觸診劍突時有呻吟聲，開腹術時可見蜂巢胃黏連	血像視炎症的階段和程度而定	不良
迷走神經性消化不良	可能有急性侷限性腹膜炎的病歷，妊娠後期食慾不佳和腹部進行性膨脹，用輕瀉藥治療無效	腹部進行性膨脹，糞便軟而少，厭食；瘤胃擴張，內含充分浸軟的和泡沫性的內容物，持久的中度臌脹，開始時運動過強，之後弛緩；體溫正常，心律變化不定；直腸檢查瘤胃大而呈 L 型，某些病例有皺胃阻塞、體重大減，最後躺臥、脫水和虛弱	不同程度的脫水，鹼中毒，低氯血和低鉀血	藥物或外科治療效果不佳；近分娩期的輕病例在產後可能自癒

疾病	流行病學和病歷	臨床症狀	臨床病理學	治療效果
皺胃阻塞（飲食性）	寒冷天氣時過食劣質的粗飼料；爆發；牛採食被砂沾汙的作物	厭食，腹部中度膨脹；體重減輕，糞便少，虛弱，躺臥；通過腹壁或直腸可摸到皺胃	鹼中毒，低氯血、低鉀血和脫水	死亡率高，給予液體和輕瀉藥；可能需要屠宰作為廢物利用
皺胃左方異位	大量穀物飼料、緊接產後發生，乳牛發病，不活動	產後幾天內的乳牛醋酮血病；食慾不振；糞便稀軟，糞便量不定（一般減少）；酮尿；有瘤胃音但微弱；叩診和聽診左側有金屬音	酮尿；異位的皺胃，穿刺液 pH 值為 2，無原蟲	外科矯正後效果良好
皺胃右方異位	通常在產後 2～4 週	厭食；糞便少，乳產量減少，中度脫水；瘤胃停滯，通過直腸左右肋弓下可摸到充滿液體的皺胃，呈進行性，並常導致扭轉	鹼中毒，低氯血，低鉀血	死亡率高，輸液治療；淘汰
皺胃扭轉	皺胃右方異位的後果	繼皺胃右方異位的病歷之後，急性腹痛突然發作；右腹膨脹，叩診時有響亮的砰砰聲，通過直腸可摸到膨脹的緊張皺胃；明顯的循環衰竭，虛弱，糞便帶血，在 48～60 小時內死亡	脫水性鹼中毒，低氯血	開腹術，皺胃切開術和排液，死亡率高
原發性醋酮血病（消耗型）	乳牛在妊娠後期過肥或泌乳早期能量攝取不足；在高產的舍飼牛可能餵青貯料過多	母牛遲鈍，拒食；糞便量少，呈堅硬球；體況下降，乳產量減少；瘤胃活動減弱	酮尿和低血糖	靜脈注射葡萄糖，口服丙二醇或肌肉注射皮質類固醇，通常效果良好
慢性瘤胃臌脹	6～8 月齡之肉牛、犢牛在斷乳之後；肥育牛在到達肥育場之後	慢性游離氣體性臌脹，治療後復發，無其他臨床症狀	無	外科瘤胃瘻管或插入螺旋型套針和套管，並留在原位數週

疾病	流行病學和病歷	臨床症狀	臨床病理學	治療效果
皺胃潰瘍	緊接在分娩之後（2 週）；飼餵大量穀物飼料的高產者；為集約化飼養系統地區的地方病	胃腸弛緩和黑糞，可能失血過多致死；很可能在 4 天之後迅速康復；潰瘍穿孔可能導致在數小時內死亡	糞便中有血液，穿孔時可能有白血球增多及核左轉；因出血導致貧血	口服鹼化劑，若藥物治療無效則用外科治療
肉牛的妊娠毒血症	肥胖的肉牛在妊娠的最後一個月不給飼料時發生；常見於懷雙胎時	完全厭食，瘤胃停滯；糞便少；酮尿；虛弱和常躺臥	酮血，非酯化脂肪酸增加，酮尿，肝臟酶增加	治療效果不佳；液體、同化性類固醇、胰島素等可用
脂肪肝綜合症	肥胖的乳牛，分娩後數日或患皺胃右方異位後數日	完全厭食，瘤胃停滯，幾乎不產乳，酮尿在開始時出現，但也可能更遲一些發生	酮血，肝臟酶增加	治療效果不佳；葡萄糖，胰島素，同化性類固醇
盲腸擴張（和）或扭轉	個別病例；乳牛泌乳早期，食慾不振，糞便可能少，嚴重病例有輕度腹痛病歷	全身正常，瘤胃輕微弛緩，左上脅部可能膨脹，有鼓響音；直腸檢查可有圓柱形的、活動的、增大的盲腸和盲端	無特別的診斷特徵，但有血液濃縮、代償性低氯血、低鉀血和鹼中毒	外科矯正效果良好，嚴重扭轉和壞疽者預後不良
急性瀰漫性腹膜炎	繼創傷性蜂巢胃腹膜炎、分娩時子宮破裂、直腸破裂、外科手術之後	急性毒血症，發熱之後出現低溫、虛弱、心搏過速、躺臥、呻吟；中度膨脹，糞便少，直腸檢查可摸到纖維蛋白性黏連	白血球減少、中性白血球減少、變性核左轉；血液濃縮，穿刺為陽性	通常死亡
急性腸梗塞	可能是活動性增高，例如性活動期，常無特殊的病歷	短期急性腹痛突然發作，踢腹、打滾；短期腹瀉，開始時腸音正常，之後所有的腸音，包括瘤胃音均消失。開始脫水，腸膨脹，直腸內容物呈灰色至紅色有惡臭	逐漸產生脫水，3～4 天後血液濃縮	需要外科治療

疾病	流行病學和病歷	臨床症狀	臨床病理學	治療效果
重瓣胃阻塞	不常見，妊娠母牛的個別病例伴有迷走神經性消化不良；肥育牛伴有飲食性起源的皺胃阻塞	食慾不振至厭食；糞便少，腹部膨脹，直腸檢查在腎臟下可摸到脹得很大的圓硬狀重瓣胃	無	淘汰；治療方法與皺胃阻塞同

8-3-9 肝炎

本章使用肝炎 (hepatitis) 一詞包括所有影響肝臟的瀰漫性、退行性、變化性和炎性疾病。

㈠病因

1.中毒性肝炎：

通常損害在小葉中心，輕者表現混濁腫脹；重者伴有廣泛壞死。若這種壞死十分嚴重或多次重複發生會出現纖維化。常見原因有磷、砷、硒等無機毒物；有機化合物中特別是四氯化碳、六氯乙烷、棉籽中的棉酚、煤焦油瀝青中的煤酚和氯仿；有毒植物（如羽扇豆）及許多真菌等。反芻動物有許多關於餵飼敗壞的苜蓿牧草之後明顯罹患中毒性肝炎的報告。

2.傳染性肝炎：

馬傳染性貧血、沙門氏菌病、敗血性李氏桿菌和鉤端螺旋體病等都會出現肝臟壞死。

3.寄生蟲性肝炎：

肝吸蟲大量侵襲和蛔蟲幼蟲的移行皆為嚴重肝炎常見原因。

4.營養性肝炎：

大白鼠食物中缺乏蛋胺酸引起的肝硬變，缺乏胱胺酸引起的急性肝壞死等。此外，已經證實硒和維生素 E 都能預防豬的飲食性肝壞死。

5.充血性肝炎：

肝竇狀隙的壓力加大可引起周圍肝實質缺氧和受壓。常見的原因為充血性心力衰竭，導致小葉中心變性。

㈡症狀

肝炎的主要症狀為厭食、精神沉鬱，但有些病例為興奮、肌肉無力、黃疸和末期嗜眠、躺臥於地和伴有間歇性抽搐的昏迷。病初厭食，常伴有便祕，時而腹瀉，糞便顏色比正常淡，如食物中含有多量脂肪則會出現脂肪痢。常有明顯的神經症狀。特徵性的綜合徵為木呆綜合症，病畜頭頸伸直，對正常刺激無反應，可能失明。可能有甚急性腹痛，常常出現拱背，觸診肝區會疼痛。可能發生感光過敏，但只在動物飼料中含有青綠飼料並曝露於陽光下時才會發生。

㈢診斷

除非有黃疸或感光過敏症狀，否則容易將肝炎誤診為腦病。充血性肝炎常伴有腹水與其他部位的水腫和心臟疾病的症狀。肝纖維化可能產生腹水 (ascites)，但無心臟病的跡象。

㈣治療

蛋白質和蛋白水解物因有氨中毒的危險，特別應予避免。食物應富含碳水化合物和鈣，而含蛋白質和脂肪要少。結合口服抗生素也可使用瀉劑和灌腸，但建議採用輕瀉以避免不必要的液體損失。有必要補充食物或定期注射水溶性維生素。肝纖維化被認為是肝炎末期，一般不再進行治療。

習 題

1.請說明造成口炎的病因。

2.請說明咽炎的臨床症狀。

3.何謂咽梗塞？並說明其臨床症狀。

4.請說明家畜急性食道梗塞的臨床症狀及其處理方法。

5.請說明下列病症的臨床症狀。

 ⑴急性胃擴張   ⑷創傷性蜂巢胃腹膜炎

 ⑵急性腸梗塞   ⑸瘤胃臌脹

 ⑶咽梗塞   ⑹皺胃異位

6.請寫出 10 種造成牛隻腹瀉的病原微生物。

7.請說明肝炎的種類。

◆ 8-4　心血管系統疾病 ◆

8-4-1 心臟的疾病

常見草食獸的心臟疾病如下：

㈠心肌無力

心肌無力 (myocardial asthenia) 或虛弱的表現為收縮力減弱致使心臟貯備力下降，在嚴重的病例會導致充血性心力衰竭或急性心力衰竭。

1.病因：

臨床上重要的心肌炎在家畜身上很少發生，儘管某些動物患有黑腿病、口蹄疫和馬傳染性貧血時會造成嚴重損害。散發性病例見於臍病和馬腺疫等菌血症的定位，和由於心包炎與心內膜炎的蔓延；局灶性的化膿性心肌炎可能是感染金黃色葡萄球菌的新生羔羊的常見症狀；寄生蟲性心肌炎也是散發的（特別是馬），如圓線蟲屬的移行幼蟲引起，或條蟲在囊蝦期時可能會移棲於心肌之中等。

心肌變性較常見，發生於許多家畜傳染病。心肌營養不良是犢牛、其次是綿羊缺乏維生素 E 時的主要損害。牛缺乏銅時，可能導致心肌變性和纖維化，最終發展為癲癇病。

2.症狀：

早期病例有運動耐受性降低的情況，常伴有心率加快和心臟體積增加的現象。如果心肌神經受到影響，則臨床上可見頻率或

節律異常，特別是與多發性心室早期收縮有關的心搏過速導致心律不齊。後期可能突然死亡；或由急性心力衰竭引發心性暈厥；或由充血性心力衰竭引起嚴重呼吸困難與全身水腫。

　3.治療：

　　　必須治療原發病因。急性心力衰竭時，支持療法多半無效，也不適用於充血性心力衰竭。

㈡瓣膜病

　　心臟瓣膜病 (valvular disease) 會妨礙血流正常通過心臟各孔， 並發生雜音，有引起充血性心力衰竭的嚴重病例。

　1.病因：

　　　瓣膜病可能是後天性或先天性的，先天性瓣膜病罕見於大型家畜。

　2.症狀：

　　　心臟各瓣膜機能性損害的特徵如下：

　⑴主動脈半月瓣狹窄：有刺耳的收縮期雜音，在左側心基部上方稍後處最易聽到。

　⑵主動脈瓣閉鎖不全：這是馬最常見的後天性瓣膜損害。心音中會出現一個響亮的全舒張期雜音，常伴有因舒張期血液從主動脈向左心室回流而引起的顫動。一般左側心區可以聽到此雜音。

　⑶肺動脈半月瓣狹窄和閉鎖不全：大型動物極少有後天性肺動脈半月瓣的損害。其症狀除了沒有脈搏異常之外，與主動脈瓣損害所產生的症狀相似。

　⑷左房室瓣閉鎖不全 ： 這是馬和牛第二種最常見的後天性瓣膜病。會出現一個響亮刺耳的全收縮期雜音，在二尖瓣區域聲音最強。

⑸右房室瓣閉鎖不全：這是牛和綿羊最常見的後天性瓣膜損害。一個刺耳的全收縮期雜音常使第一心音改變，在三尖瓣區最易聽到。

⑹右或左房室瓣狹窄：任何一個房室瓣的狹窄都是不常見的。

3.診斷：

　　瓣膜病的診斷主要依靠識別心內膜雜音。

4.治療：

　　瓣膜病無特效治療方法。

㈢心包炎

心包炎 (pericarditis) 最初可聽到摩擦音，繼而因心包積聚液體或滲出液機化，形成閉合，和局部黏連而使心音壓抑，並發生充血性心力衰竭。

1.病因：

　　心包被一個受到感染的異物穿透，通常見於牛的創傷性心包炎。血源性感染如馬的腺疫和結核病。在牛，心包炎也見於散發性腦脊髓炎、結核病和巴氏桿菌病；在綿羊，心包炎也見於巴氏桿菌病。

2.症狀：

　　早期會疼痛、不願運動、兩肘外展、拱背，有淺的腹式呼吸。在胸壁心區叩診或用力觸診時明顯疼痛，因此病畜臥下時十分小心。聽診心區可發現心包摩擦音。體溫升高達到 39.5～41 °C，脈率加快。可能存在胸膜炎、肺炎和腹膜炎的有關症狀。

3.診斷：

　　心包摩擦音可能會被誤認為早期胸膜炎的摩擦音。摩擦音與呼吸週期同時發生表示此音來自胸膜。當胸膜炎侷限於心包的胸膜表面時，心臟運動也會產生摩擦音，但缺乏心包炎的其他症狀。

4.治療：

　　對於傳染病應儘量採用抗菌治療。非特效的治療應包括廣效抗生素或磺胺類藥物。

㈣出血性疾病

　　出血性疾病 (haemorrhagic disease) 分為自然出血或小傷口流血過多，見於毛細血管脆性增加或血液凝固機理的缺陷。

　　血管壁的缺損見於出血性紫癜和敗血症。罹患敗血症（或病毒血症）時，出血呈瘀點或瘀斑狀，出血性紫癜時也會發生組織大量溢血。牛的歐洲蕨中毒、犢牛的慢性富來頓中毒、以三氯乙烯提取過的大豆粉中毒和輻射損傷，也都可因血小板減少和嚴重的白血球減少有利於菌血症，發生自然出血。在鹿的病毒性出血病中見有血管壁變性和血小板缺乏兩種變化。

　　治療除原發病外，主要憑經驗。鼻孔流血時用一塊紗布沾腎上腺素局部使用可能有幫助。當凝血機制有障礙時，應廣泛使用提高血液凝固性的藥物。

8–4–2 血液和造血器官疾病

　　血液正常機能的擾亂能以多種方式出現。可能有循環血量減少、細胞成分異常以及包括蛋白質、電解質與緩衝系統在內的非細胞成分異常。

㈠出血

　　從血管系統中迅速喪失全血可能引起外周循環衰竭和貧血。

1.病因：

　　大血管的自然破裂或創傷性損傷是嚴重出血的常見原因，但黏膜表面出血或吸血線蟲大量侵襲時，血液也會迅速喪失。因此，嚴重出血也可發生於球蟲病和沙門氏菌病。馬在競賽時會大量發生鼻出血。

2.症狀：

　　黏膜蒼白是明顯的症狀。此外還有虛弱、步態蹣跚、躺臥、心率快、體溫比正常低等情況。呼吸加深但並不困難，會表現得疲倦和遲鈍，在致死性病例則病畜側臥於地，在昏迷中死亡。

3.診斷：

　　外周循環衰竭的其他型式為休克 (shock) 和脫水，一般從病史上就可鑑別。

4.治療：

　　必須補償全部的血液成分，輸血在嚴重病例是最令人滿意的治療。

㈡休克

　　休克被解釋為全身性組織灌注的急性和嚴重減少狀態，其主要特徵是有效循環血量嚴重減少和動脈血壓嚴重下降。

1.病因：

　　組織灌注的急性衰竭可因血量嚴重減少而發生，如在血容量減少性休克時，休克可繼內出血或外出血後發生，當時失血量可能已超過 35% 以上。休克亦可發生於血量正常或血量大於正常之時，但此時有效循環血量明顯減少，這可能是由於血液和血腫在血管和其他組織中鬱積所引起，如血管源性休克、病毒性休克和繼廣泛的創傷性損傷之後的休克。

2.症狀：

　　皮膚厥冷、體溫低於正常、呼吸快而淺、心率快而脈搏微弱和血壓低等均為休克的特徵。靜脈血壓顯著下降、靜脈管難以鼓起。黏膜蒼白，但還不到出血時所見嚴重發白的程度。毛細管再充盈的時間延長 3～4 秒以上。病畜沉鬱、虛弱喜臥，如果是致命的病例，則於昏迷中死亡。

3.診斷：

　　當發生嚴重創傷時，常可預期會發生休克，有外周循環衰竭而無出血或脫水跡象時即可作出診斷。

4.治療：

　　治療休克的主要目的在於恢復循環血量，雖然在休克時使用血漿或血漿膨脹劑較嚴重失血時更有價值，但輸血更好。由於很難為病畜提供足夠數量的血液和血漿，所以通常採用等滲液體。還必須在病畜周圍的環境提供新鮮空氣或甚至氧氣，並保證其氣管暢通，以此來確保充分供氧。其他治療應包括抗生素、輸液和糾正酸鹼平衡。雖然必須幫病畜保持溫暖，但應避免過熱，因為過熱可引起外周血管擴張和循環血量進一步減少。

㈢水中毒

　　動物在非常口渴時若飲用過量的水會導致水中毒 (water intoxication)，尤其在劇烈運動或氣溫過高，已經喪失許多鹽分之時。犢牛在野外最易患此病。水中毒症狀在腦組織特別明顯，會出現與大腦水腫類似的情況，並引起肌肉無力和顫慄、不安、共濟失調、強直性和陣攣性驚厥，以及後期的昏迷等神經症狀，形成的溶血可能引起嚴重溶血性貧血和血紅蛋白尿。其他症狀包括體溫過低和流涎。治療病畜方式應包括鎮靜、投服利尿劑，嚴重病例可對靜脈注射高滲溶液。

㈣水腫

水腫是毛細血管、組織間隙與淋巴管之間的液體交換機理障礙，引起過多的組織間隙液體積聚。

1.病因：

水腫主要是因毛細血管中血液流體靜壓增加、血液滲透壓下降、淋巴液排出受阻或毛細血管壁發生損傷所引起。

2.症狀：

水腫性漏出液積聚於皮下組織稱為全身水腫；積聚於腹腔稱為腹水；在胸腔中稱為胸腔積水；在心包中則稱為心包積水。大型家畜的全身水腫常侷限在胸前和胸、腹下部；正在放牧中的動物則多發生於下頜間隙。四肢水腫在牛、綿羊不常見，最常見於靜脈血回流受阻或缺乏運動的馬匹。

水腫性腫脹都是軟而不痛，手壓可留下凹痕。有腹水時腹部膨脹，這種液體可由觸覺叩診時的液體顫動、振搖時的液體聲音和穿刺而發現。在胸腔和心包，心音和呼吸音均被壓抑。液體的存在可由叩診、猛搖身體和穿刺查明。

肺水腫伴有呼吸困難、溼囉音，某些病例會從鼻孔噴出泡沫；大腦水腫則會表現出嚴重的神經症狀。

3.治療：

治療水腫必須針對原發病矯正。心肌無力需用洋地黃緩解；心包炎用心包排液解除；低蛋白血症則可以靜脈注射血漿（或血漿代用品）和飼餵高質量的蛋白質的方式處理。輔助措施包括限制飲水和食物中的含鹽量、使用利尿劑和緩慢地吸出液體。

㈤貧血

貧血的定義為單位體積血液中細胞或血紅蛋白不足。表現為黏膜蒼白、心率加快、心搏增強和肌肉無力。

1.病因：

貧血可以由出血時血液喪失過多、紅血球破壞增加或產生不足引起。因此貧血常被分為出血性、溶血性貧血與紅血球或血紅蛋白的生成減少性貧血。出血性貧血見於急性出血，或發生於寄生蟲病的慢性失血之後；溶血性貧血是許多傳染病與非傳染病的一種表現；紅血球或血紅蛋白生成減少引起的貧血，大多數是由於營養缺乏所造成。

2.症狀：

黏膜蒼白是貧血明顯的臨床表現。有些病例有蒼白、肌肉無力、精神沉鬱和厭食等症狀。心率加快、脈搏振幅大，而心音絕對強度明顯增加。最後代償期的中度心搏過速被嚴重心搏過速、心音強度降低和弱脈所代替。貧血時呼吸困難並不明顯，最嚴重的呼吸困難表現為呼吸加深而不是加快，用力呼吸則見於末期。水腫、黃疸和血紅蛋白尿常與貧血相伴出現，但並非綜合徵主要部分的附加症狀。由於血紅蛋白相對缺少，故不出現發紺。

3.治療：

治療貧血的原發性原因為主要。非特效治療包括在急性出血（甚至是嚴重慢性貧血）時的輸血。補血劑可用於不太嚴重的病例，並可作為輸血後的支持治療，在馬常採用口服或注射鐵劑。對於極度貧血的病例，由於腎臟和心臟缺氧所形成的不可逆變化，雖經充分治療，也難完全康復。

習 題

1.請解釋下列名詞及臨床症狀。

　(1)半月瓣狹窄

　(2)主動脈瓣閉鎖不全

　(3)左房室瓣閉鎖不全

　(4)心肌無力

　(5)心包炎

2.請說明各種心瓣膜病的臨床症狀。

3.請說明出血性疾病在臨床上常見之症狀。

4.請說明下列疾病之臨床症狀。

　(1)出血

　(2)休克

　(3)水中毒

　(4)水腫

　(5)貧血

◆ 8-5　呼吸系統疾病 ◆

8-5-1 呼吸機能不全的原理

呼吸機能不全的缺氧症與呼吸系統疾病的多數症狀，和致死性病例最終結果的呼吸衰竭有關。

㈠缺氧症

許多情況都可能使組織無法充分獲得氧的供應。乏氧性缺氧發生於肺循環中血液氧合作用不完全，通常是由呼吸道的原發性疾病引起；貧血性缺氧發生於單位容量血液中血紅蛋白不足；循環障礙性缺氧是血液流經毛細血管速度減慢的狀態；組織中毒性缺氧見於血液已經充分氧合，但因為組織氧化系統衰竭，使組織不能吸收氧。

如果缺氧發展十分緩慢，則有幾種代償機理可以發揮作用。缺氧的結果會使呼吸運動深度增加。脾臟收縮和骨髓中紅血球生成的刺激都是由缺氧產生，因此缺氧可能造成紅血球增多，而心率和心搏量增加也使心臟每分鐘的輸血量增加。如果這些代償機理都不能供應組織足夠的氧，則缺氧會開始對各個組織產生不良影響。中樞神經系統對缺氧最敏感，所以大腦缺氧的症狀通常最早出現；此外也會造成心肌無力、腎和肝機能障礙、消化道運動和分泌活動減弱等症狀。

㈡二氧化碳滯留

呼吸機能不全使二氧化碳不能完全排除而積蓄於血液和組織之中，除了刺激呼吸中樞的作用以加強呼吸的力量以外，影響不大。

㈢呼吸衰竭

呼吸衰竭為呼吸機能不全的末期，此時呼吸中樞的活動下降到呼吸肌肉運動停止的程度，可能是麻痺性、呼吸困難性或窒息性，又或是呼吸急促性的，需視原發疾病而定。

▌**呼吸衰竭的類型**

1. 窒息性衰竭發生於肺炎、肺水腫和上呼吸道梗塞，有碳酸過多和缺氧的情況。
2. 麻痺性呼吸衰竭是由呼吸中樞抑制劑或由神經性休克引起。
3. 呼吸急促性呼吸衰竭是最少見的類型，是由肺換氣加快引起。

麻痺性需要使用呼吸中樞興奮劑；窒息性以氧氣治療最合理；而呼吸急促性則需要供給氧氣和二氧化碳。

8-5-2 呼吸機能不全的主要表現

呼吸機能障礙的主要表現是由缺氧所引起。

㈠呼吸深快和呼吸困難

呼吸深快為肺的換氣增加。當呼吸深快達到某一呼吸困難點時就會變為呼吸困難，如肺氣腫 (pulmonary emphysema) 的呼吸困難，其特徵是因缺氧造成呼吸困難，需要用力呼氣才能成功呼出一次潮氣 (tidal air) 量。心臟呼吸困難是由伴有肺充血和肺水腫的左心室逆向衰竭所引起。酸中毒時由於二氧化碳釋放刺激呼吸中樞，也可能發生呼吸困難。

㈡發紺

發紺是因血液中還原血紅蛋白的絕對量增加，使皮膚、結膜和可視黏膜變為藍色。它只有在血液中的血紅蛋白濃度正常（或接近正

常），和血紅蛋白的氧合作用不完全才會發生。它可以發生於各種類型
的乏氧性缺氧和循環障礙性缺氧。先天性心臟缺損發紺最明顯；後天
的心臟疾病發紺不明顯。而發紺在肺臟疾病中常不明顯。

㈢咳嗽

咳嗽是氣道黏膜受到刺激所引起的一種反射性動作，主要具有排
除機能。這是一種具有重要意義的症狀，它表明呼吸系統存在原發性
或繼發性疾病。

㈣鼻液

鼻液過多或異常為呼吸道疾病的表徵。鼻液呈黏性或膿性時，常
表示鼻腔或副鼻竇有炎症發生，而帶血或泡沫時則表示存在肺充血或
肺水腫。

8–5–3 肺臟的疾病

㈠肺充血與肺水腫

肺充血是由肺血管床充血使肺中血量增加所引起。當血管內液體
漏入肺實質與肺泡時則繼發肺水腫。

1.病因：

臨床上明顯的肺充血，當基本損害的地方是在肺臟時可能屬
於原發性；如基本損害位在其他器官則可能為繼發性。原發性充
血多半見於肺炎初期；繼發性充血常是影響左心室的充血性心力
衰竭的表現。

肺水腫最常發生於急性過敏反應、牧草熱和充血性心力衰竭
的充血之後。

2.症狀：

呼吸深度增加至極度呼吸困難的程度、頭伸直、鼻孔張大和張口呼吸。呼吸運動大為增強，甚至可說是喘息；吸氣和呼氣時胸、腹部運動明顯。常有一種典型的站立姿勢是兩前肢前叉、兩肘外展、頭下垂。

肺充血是肺或心臟早期病理變化最重要的指徵。嚴重肺水腫常表示不可逆階段。死於肺水腫的病例伴有窒息性呼吸衰竭。

3.治療：

病畜必須在清潔、乾燥的環境下完全休息，禁止運動。因過敏反應引起的肺水腫推薦使用腎上腺素，然後用皮質類固醇以保持血管的完整，並降低肺血管的通透性。

當水腫是由有機磷中毒所引起時，立即使用阿托品可以減少液體漏出。

㈡肺氣腫

肺氣腫是由肺泡過度擴張引起的肺膨脹，伴有肺泡壁破裂，可能有氣體穿入間質空隙。在臨床上以呼吸困難、呼吸深快、運動耐受性降低以及用力呼氣為特徵。

家畜中最常見的類型是馬的慢性肺泡氣腫，或稱為「氣喘病」。成年馬發病率最高，並且常與長期飼餵劣質粗飼料（特別是當飼料多塵土時）有關。此病最常見於長期被圈養在馬廄中的馬匹，實際上尚未發現長年放牧或在室外飼養的馬匹罹患此病。

1.症狀：

急性肺氣腫常突然發作，並在休息時仍有嚴重症狀。一般來說症狀與慢性肺氣腫相似，但呼吸困難更為嚴重，聽診時呼吸音並無明顯異常。

慢性肺氣腫更常見於成年馬，主要是 8 歲齡以上的馬，且通常是一年當中大部分時間都採用舍飼的馬。

在馬的「氣喘病」中，短弱的咳嗽是特徵性的，運動時表現更明顯而且發喘，壓迫喉部和運動時容易誘發上述症狀。間歇性地流出兩側鼻液是病馬的常見症狀，鼻液可能由漿性液體、黏液、黏膿性分泌物或血液構成，也可能是幾種相混。

2.診斷：

馬的慢性肺氣腫以一種不易錯認為其他疾病的發展形式和特殊症狀為特徵，尤其是肺氣腫晚期和運動後出血的馬，以內窺鏡檢查氣腫的肺，可在上部氣管和喉部見到血液。

牛和馬的急性肺氣腫常伴有肺水腫，並且肺下部有實變和液體囉音。

3.治療：

肺氣腫的治療取決於病畜種類、 氣腫的病因以及疾病的階段。馬肺氣腫早期的最佳治療方法是供給新鮮空氣。最理想的是，即便不是真的放牧，也應將病馬長期養在戶外，有部分遮蓋和保護良好的室外畜欄也可適用。

㈢肺炎

肺炎是肺實質的炎症，通常伴有細支氣管炎和胸膜炎。在臨床上的表現為呼吸次數增加、咳嗽、聽診有異常呼吸音，大多數細菌性肺炎有毒血症跡象。

1.病因：

肺炎常分為原發性和繼發性兩類，原發性病毒感染的重要性在最近幾年分離、培養和鑑定技術被普遍使用之後才日益明顯。

⑴牛：肺炎型巴氏桿菌病（運輸熱）是牛最常見的肺炎之一，由溶血性巴氏桿菌和多殺性巴氏桿菌所引起。

⑵馬：馬的肺炎只有少數病因。馬棒狀桿菌會引起難以治癒的馬
　駒肺炎。

⑶綿羊：由巴氏桿菌引起的肺炎型巴氏桿菌病可能是發生於幼齡
　肥育羔羊的一種急性原發性肺炎。

2.症狀：

　　　呼吸淺快是早期肺炎的基本症狀，之後當大部分的肺組織都
　不起作用時就發生呼吸困難。咳嗽是另一個重要症狀，支氣管肺
　炎常伴有痛苦的溼咳；間質性肺炎則常頻頻陣發劇烈乾咳。咳嗽
　前後聽診胸部可以查出氣道中有滲出液。

3.診斷：

　　　聽診是一種有用的輔助手段。在支氣管肺炎和間質性肺炎的
　早期充血期，肺泡音會增強。如為支氣管肺炎，細支氣管滲出液
　會增加產生溼囉音；如為無併發症的間質性肺炎，則可聽到清晰
　刺耳的支氣管音。無論是哪種類型，當完全實變時，在病肺上都
　只能聽到支氣管音，但在支氣管肺炎區四周可以聽到溼囉音和捻
　髮性囉音。實變也可使心音的可聽度增強。如還有胸膜炎存在，
　早期可產生胸膜摩擦音，在後期滲出期則肺音模糊。

病畜罹患上列傳染病時均應隔離，並嚴密監視畜群以便發現早期
病例，同時給予病畜特效的抗菌藥物或生物製劑。肺炎嚴重的病畜需
要每日進行治療，連續數日直至康復。對於病毒性肺炎則尚無特效治
療方法。

㈣**肺膿腫**

肺中發生單個或多數膿腫，可引起慢性毒血症的綜合症、咳嗽、
消瘦，繼而發生化膿性支氣管肺炎。

1.病因：

　　源自其他器官而定位於肺毛細血管中的感染栓子，是肺膿腫最常見的病因。心內膜炎、子宮炎、乳房炎和臍靜脈炎均為常見的原發性損害，往往與肺栓塞有關。吸入性肺炎或者牛體內有異物從蜂巢胃穿透、進入肺臟也可能產生肺膿腫。

2.症狀：

　　典型病例表現遲鈍、厭食、消瘦和牛的乳產量下降。體溫常中度升高而起伏不定。咳嗽明顯。可能發生間歇性雙側鼻出血和喀血，隨著相鄰的大的肺血管糜爛之後，最終可能死於肺出血。

3.治療：

　　治療多半無效。

㈤胸腔積水與胸腔積血

　　胸腔內水腫、漏出液或全血積聚，因下部肺臟萎陷而表現出呼吸困難。

1.病因：

　　胸腔積水可因充血性心力衰竭、低蛋白血而伴有全身水腫，或單獨發生於牛的淋巴瘤病。胸腔積血也是罕見的，發生於胸膜黏連破裂或胸壁創傷性損傷之時。

2.症狀：

　　兩種疾病均無全身症狀。有漸漸產生的呼吸困難；胸壁下部呼吸音消失，叩診呈濁音。這種情況在馬常發生於雙側，其他動物則可能發生於單側。病側肋骨運動消失。

　　胸腔積水和胸腔積血可由缺乏疼痛、毒血症、發熱和吸出的液體標本無菌而與胸膜炎鑑別。

3.治療：

　　　須治療原發病。如呼吸困難嚴重，從胸腔抽液可暫緩解，但液體常迅速再積聚。積血嚴重時合理的治療是注射凝血劑和輸血。

㈥氣胸

氣胸 (pneumothorax) 指的是多量氣體進入胸腔，引起肺萎陷和呼吸困難。

1.病因：

　　　尖銳異物從外部穿透胸壁或肺臟破裂均為常見原因。

2.症狀：

　　　急性發作致使吸氣困難，馬可在數分鐘內死亡。如萎陷則發生於一側胸腔，病側肋架坍陷、呼吸運動減弱；健側胸壁代償凸出、呼吸運動增強。

3.治療：

　　　應盡一切努力釐清氣胸的原因。因胸部創傷所致的開放性氣胸必須進行外科縫合和密封。

㈦膈疝氣

家畜很少發生膈疝氣 (diaphragmatic hernia)。它見於牛，特別與創傷性蜂巢胃腹膜炎有關。牛、馬偶爾可見非異物穿透引起的後天性疝氣。馬的大多數後天性疝氣是由一種長期附加的因素所造成，諸如投送胃管、運輸、突然發生急性腹痛等。疝痛和呼吸困難是馬的主要臨床症狀，而且這些症狀一般都是急性發作。病馬具有下列一種或全部症狀：呼吸急促、呼吸疼痛或用力呼吸，但常不妨礙呼吸。形成疝氣的腸段壞死時，腹痛劇烈。放射照相和剖腹探查是最有用的診斷方法。

⑻胸膜炎

胸膜炎 (pleurisy) 在呼吸運動時會引起疼痛，臨床表現為呼吸淺快。急性炎症伴有膿胸引起肺萎陷和呼吸困難；慢性胸膜炎常發生纖維性黏連，並略有礙於呼吸運動。

1.病因：

原發性胸膜炎很少發生，一般由胸壁創傷穿孔引起。它較常見於某些傳染病，如牛肺疫、綿羊和山羊胸膜肺炎、由多死性巴氏桿菌和溶血性巴氏桿菌引起的各種動物肺炎、牛散發性腦脊髓炎和牛的結核病。在馬，最常發生馬腺疫；在牛，因尖銳異物穿透膈膜導致創傷性蜂巢胃腹膜炎的後遺症，可能引起胸膜炎。

2.症狀：

早期呼吸淺快，動物表現疼痛和憂慮。呼吸運動明顯呈現腹式，胸壁運動受到約束。病畜站立、兩肘外展而不願移動。聽診時可聽到胸膜摩擦音。

3.診斷：

胸膜炎的鑑別根據存在胸腔摩擦和炎性滲出液而定。

4.治療：

主要目的為控制胸腔感染。最好注射或口服抗生素或磺胺類藥物，選用藥物應由胸膜炎滲出液的細菌學檢查確定。當大量液體存在時，吸出液體可使病況暫時改善，並可將抗菌劑直接注入胸腔。

⑼鼻炎

鼻炎的臨床特徵是不同程度的打噴嚏、喘息、吸氣時有鼾聲，以及隨病因不同而有漿液性、黏液性和膿性的鼻液。

1.病因：

　　鼻炎常與呼吸道其他部分的炎症合併發生。

⑴細菌性病因：馬鼻疽和腺疫、豬的壞死性鼻炎和綿羊的類鼻疽。

⑵病毒性病因：潰瘍性、糜爛性鼻炎是牛惡性卡他熱、黏膜病和牛瘟的特徵。

⑶真菌性病因：常見於馬的流行性淋巴炎，而牛的鼻孢子蟲病主要表現為鼻炎。

2.症狀：

　　鼻炎的主要症狀為流鼻液，開始時常為漿液性，但不久即變為黏液性，有細菌感染時則呈膿性。檢查可見紅斑、糜爛或潰瘍。炎症可能為單側或雙側。打噴嚏為急性早期的特徵，較晚時期會噴鼻、流出大量黏液膿性鼻液。

3.治療：

　　針對控制特種病原體的特效治療將在傳染病中敘述。繼排除每一鼻孔的滲出液之後，用生理食鹽水和抗生素合劑沖洗，可以使症狀緩解，減少繼發細菌性鼻炎的發生。

㈩**鼻出血和喀血**

　　鼻出血是指從鼻孔出血；喀血是指咳嗽出血。二者均為牛和馬的重要臨床症狀。

1.病因：

　　鼻出血常見於馬，可能是由鼻腔、鼻咽部、咽鼓管憩室（咽鼓管囊）或肺的損害引起。喀血時血液是從下呼吸道咳出，並通過口和雙側鼻孔排出。部分血液常被吞嚥，產生黑糞或糞中潛血，出血通常來源於肺。在牛，喀血的病因一般是肺動脈瘤和通常起源於肝膿腫、來自後腔靜脈血栓的血栓栓塞症。

2.治療：

　　　　鼻出血時除應利用強光直射鼻孔外，也應以肉眼檢查鼻腔有無任何阻塞跡象。吸氣時的任何喘息聲或鼾聲都提示有阻塞。

　　　　鼻出血和喀血的治療取決於病因，鼻黏膜創傷引起的出血通常不需任何治療；與咽鼓管囊真菌病有關的鼻出血可能需要結紮患病的動脈；賽馬的肺出血採用雌激素、利尿劑以及凝血劑治療。

㈡喉炎、氣管炎、支氣管炎

　　氣道的炎症通常涉及氣道的所有部位，它們全都以咳嗽、吸氣雜音和某種程度的吸氣困難為特徵。

　1.病因：

　⑴牛：牛傳染性鼻氣管炎和犢牛白喉是牛的常見原因。

　⑵綿羊：已發現化膿棒狀桿菌感染引起的慢性喉炎。

　⑶馬：馬病毒性鼻肺炎、馬病毒性動脈炎、馬流行性感冒和馬腺疫全都以上呼吸道感染為特徵。

　2.症狀：

　　　　咳嗽和吸氣困難是常見的臨床症狀。

　3.診斷：

　　　　喉感染通常會引起咳嗽、帶有鼾聲的吸氣困難、吸氣時在氣管上和肺基部聽診可聽到響亮的異常喉音。

　4.治療：

　　　　如果病畜休息不勞動、不遇到惡劣氣候、不接觸多塵的飼料，則大多數喉、氣管和大支氣管的一般病毒性感染將自然康復。

　　　　細菌感染能夠引起具有壞死和肉芽腫損害的嚴重炎症，必須用抗生素或磺胺劑治療。

習 題

1.何謂缺氧症？請說明其臨床症狀。

2.請說明造成呼吸衰竭的疾病。

3.請說明下列病症的臨床症狀。

⑴肺氣腫　　　　　　　⑹肺膿腫

⑵發紺　　　　　　　　⑺胸腔積水

⑶咳嗽　　　　　　　　⑻氣胸

⑷鼻液　　　　　　　　⑼膈疝氣

⑸肺水腫　　　　　　　⑽胸膜炎

4.請鑑別鼻出血及喀血的臨床症狀。

◆ 8-6　泌尿系統疾病 ◆

8-6-1 腎機能不全的原理

　　腎臟的兩種機能是：排泄組織代謝的終末產物（二氧化碳除外）；通過有選擇性地排泄液體及其溶質，以維持這些物質在體內的平衡。

　　腎臟疾病，以及有時輸尿管和膀胱、尿道的疾病會使上述兩種機能減弱，引起蛋白質、溶質和水在體內的平衡失調，以及代謝終末產物排泄的障礙。機能的相對喪失稱為腎機能不全，而機能完全的致命性喪失則稱為腎衰竭。

8-6-2 泌尿道疾病的主要表現

㈠尿的成分異常

　1.蛋白尿：

　　　蛋白尿見於充血性心力衰竭、腎小球性腎炎、腎梗塞、腎病變和澱粉樣變性，它也是母牛患有「母牛爬臥不起綜合症」的常見症狀。

　2.管型細胞尿：

　　　見於腎炎，其存在表明腎臟的炎症或變性變化。

　3.血尿：

　　　血尿的腎前病因包括腎臟創傷、敗血症和伴有血管損傷的出

血性紫癜。腎後血尿特別見於尿石病和膀胱炎 (cytitis)。牛地方性血尿是一個特殊的例子。

4. 血紅蛋白尿：

　　血紅蛋白尿來源於血管內溶血。

5. 肌紅蛋白尿：

　　尿中存在肌紅蛋白是嚴重肌營養不良的跡象。

6. 膿尿：

　　尿中含膿表示在泌尿道的某一部分有炎性滲出，通常是在腎盂或膀胱。

7. 結晶尿：

　　草食動物尿中存在結晶沒有特殊的意義，除非數量很大並伴有泌尿道刺激的臨床症狀。

8. 糖尿和酮尿：

　　糖尿和酮尿同時發生見於糖尿病，大型動物罕見。糖尿不常見；酮尿較為常見，在牛飢餓、醋酮血病和母羊妊娠毒血症時發生。

9. 尿藍母尿：

　　尿藍母（吲哚磺酸鉀）大量存在表示吲哚的此一解毒產物自大腸吸收的增加。

10. 肌酸尿：

　　大量內源性的肌肉分解引起尿中肌酸含量升高，這曾用於檢查肌營養不良。

㈡日排尿量的變化

1. 多尿：

　　大量飲水後，短暫的尿量增加可能是明顯的。由於缺乏抗利

尿激素（尿崩症），或腎小球濾液中溶質含量超過腎小管上皮重吸收的能力，或腎小管的損傷等，均可發生持續的多尿。尿崩症在家畜是罕見的，據報導在馬常見，通常是垂體腫瘤所致，其特點是過於口渴、排出大量的低比重尿 (比重 1.002～1.006)，注射加壓素後出現短暫的反應。

2.少尿和無尿：

完全無尿最常見於尿道梗塞。少尿見於各型腎炎的末期。

㈢疼痛和排尿困難

排尿疼痛或排尿困難見於膀胱炎、膀胱結石和尿道炎，表現為排尿頻繁而量少。排尿時可能發出呻吟，排尿動作完成後動物仍保持典型的排尿姿勢。

㈣尿毒症

臨床症狀包括無尿或少尿，除非泌尿道完全阻塞，否則少尿是比較常見的。慢性腎臟疾病可能表現為多尿。當發生臨床尿毒症時，少尿常出現於末期。病畜沉鬱、表現肌肉無力和震顫、呼吸深而困難。若疾病已發生一段時間，可能由於蛋白質隨尿持續地損失、脫水和本病特徵性地厭食而體況下降。最後由於脫水和心肌無力，心率明顯加快。末期病畜躺臥和昏迷，體溫低於正常，並安靜地死去。

8-6-3 泌尿系統主要疾病

㈠膀胱炎

膀胱炎 (cystitis) 常由細菌感染引起，其臨床特徵是頻尿和排尿疼痛、尿中有血、炎性細胞和細菌。

1.病因：

　　當膀胱發生創傷或尿滯留時，由於膀胱感染而散發膀胱炎。它的發生最常與膀胱結石、妊娠後期、難產或導尿有關。膀胱炎是牛腎盂腎炎最常見的先兆，腎棒狀桿菌 (*Corynebacterium renale*) 為病原菌。

2.症狀：

　　尿道炎常與膀胱炎伴發，會引起疼痛感染和企圖排尿，尿頻並伴有疼痛。排尿停止後數分鐘動物仍呈排尿姿勢，常表現有附加的逼尿努力。每次排尿量通常很少。在非常急性的病例中可能有中度腹痛，表現為後蹄踏地、踢腹和擺尾，及中度的發熱反應。

3.治療：

　　常用的技術完全依靠注射療法。抗生素可提供控制感染的最好機會，如果期望康復則需要測定病原微生物對藥物的敏感性。

㈡尿石病

　　尿石病 (urolithiasis) 是去勢的雄性反芻動物的一種重要疾病，因為牠們經常發生尿道梗塞。尿道梗塞在臨床上的特點是尿的完全滯留、排尿費力、膀胱擴張，最後導致尿道穿孔和膀胱破裂。

1.病因：

　　當尿中溶質主要是無機物，但有時是有機物從溶液中沉澱出來時，便形成結石。這種沉澱物可能是結晶，如為有機物還可能是不定形的沉積物。

　　尿石病主要有三組發病因素：有利於形成結石核心的因素、促進各種溶質沉澱於結石核心的因素，和有利於沉澱的鹽類黏結形成結石的因素。

2.症狀：

　　尿道被尿石阻塞的情況經常發生在閹羊和閹牛身上，並會引起特徵性的腹痛綜合症，伴有踢腹、後蹄踏地和擺尾。可見陰莖反覆抽動足以使包皮抖動，動物可能竭盡全力去排尿，伴有努責、呻吟和磨牙，但仍能流出幾滴帶血的尿。

　　馬的綜合徵相似，但是在努力排尿時陰莖是鬆弛的。膀胱破裂是馬患此病之後最常見的後果。當膀胱破裂時，急性症狀消失，病畜會變得安靜，觸診腹部出現痛感；脈率迅速加快，體溫降至正常以下。

3.治療：

　　對梗塞性尿石病的治療主要是外科處理。

4.預防：

　　充分給水、自由飲水。飼料添加食鹽量（一般 3～5%）可增加飲水量。適當鈣磷比，提高鈣量使鈣磷比維持在 1～2:1。此外投予維生素 A 和氯化銨等。動物去勢時期延至 4 個月後較佳。

習　題

1.請說明腎臟的機能。

2.請解釋下列名詞。

⑴蛋白尿　　　　　　　　⑹膿尿

⑵管型細胞尿　　　　　　⑺結晶尿

⑶血尿　　　　　　　　　⑻糖尿

⑷血紅蛋白尿　　　　　　⑼酮尿

⑸肌紅蛋白尿　　　　　　⑽肌酸尿

3.請說明影響日排尿量變化的原因。

4.何謂尿毒症？請說明其病因。

5.請說明膀胱炎的病因及臨床症狀。

6.請說明尿石病的病因及臨床症狀。

◆ 8-7　皮膚疾病 ◆

8-7-1 糠疹

糠疹 (pityriasis) 和頭皮屑為皮膚表面存在糠狀鱗屑為特徵的狀態。

㈠病因

糠疹可能是飲食性、寄生蟲性、真菌性或化學性的。飲食性糠疹見於維生素 A 缺乏症晚期、大多數維生素 B 的缺乏，特別是煙酸、核黃素，以及必需的不飽和脂肪酸缺乏時；寄生蟲性糠疹常與蚤類、蝨類和疥蟎等外寄生蟲侵襲有關；真菌感染皮膚特別在癬的早期糠疹常是明顯的；在碘中毒病例最常見的明顯症狀之一是大量糠狀鱗屑自皮膚脫落。

㈡症狀

原發性糠疹包括鱗屑的聚集、無搔癢或其他皮膚損害；繼發性糠疹通常伴有原發疾病的損害。

㈢治療

須先去除原發病因。在進行非特異治療時應先徹底清洗皮膚，然後選擇使用溫和的潤膚軟膏和酒精洗劑。在洗劑或羊毛脂軟膏中常加入水楊酸。

8-7-2 角化不全

角化不全 (parakeratosis) 是皮膚上皮細胞角化不完全的一種狀態。

㈠病因

細胞表皮的非特異性慢性炎症引起角細胞角化障礙。

㈡症狀

此種損害可能是廣泛而瀰漫的，但常侷限於關節的屈曲面。剛開始皮膚變紅，然後增厚並變成灰色。鱗屑常在原處被毛托住。患處常裂開並形成裂隙，除去鱗屑後留下粗糙發紅的表面，如牛皮癬、馬膝溼疹等。

在組織學上，角化不全時的痂是柔軟的，其下方是粗糙的皮膚表面。

㈢治療

在營養性角化不全時，必須糾正營養缺乏。先用溶解角質的軟膏或用肥皂水強力洗刷局部，除去異常的組織，然後使用一種收斂劑。收斂劑必須經常使用，且在損害消失後一段時間仍繼續使用。

8-7-3 角化過度

角化過度 (hyperkeratosis) 是上皮細胞過度角化並聚集於皮膚表面的一種狀態。

㈠病因

慢性砷中毒和高度氯化的一些萘化合物中毒是角化過度的特殊病因。在受壓迫的地方發生局部的角化過度，如動物臥在堅硬地面時，

肘部便發生角化過度。先天性鱗癬是新生動物（特別是犢牛）的一種皮膚角化過度。

㈡症狀

皮膚變厚，常有皺紋和脫毛，外表乾燥多鱗屑為其特徵。出現格柵狀裂紋，呈多鱗片狀，若患區經常溼潤則裂紋可能發生繼發感染。

㈢治療

須對原發疾病進行治療。使用溶解角質的藥物，可使患處有一定的改善。

8-7-4 厚皮病

厚皮病 (pachydermia) 是皮膚各層的累積增厚，一般也發生於皮下組織。

㈠病因

皮膚非特異性、慢性或週期性發生的炎症是大多數厚皮病的病因。

㈡症狀

被毛稀疏或缺失，罹病皮膚較一般皮膚厚而堅韌，皮膚似乎是繃緊的。由於皮膚增厚和皮下組織減少，所以不能像在正常組織區域那樣容易形成皮膚皺摺和在皮下組織上面移動。

㈢診斷

患有厚皮病時，皮膚的增厚常限於局部區域，無表面皮膚損害和細胞碎屑的積聚。

㈣治療

在慢性病例不可能期望得到改善。局部使用或注射可體松製劑可能治癒。

8-7-5 膿皰症

膿皰症 (impetigo) 是在皮膚表面出現薄壁的小水泡，外圍以紅斑帶、水泡發展成膿皰，破裂後結痂。

㈠病因

在動物身上引發此病的主要微生物是葡萄球菌。原發性膿皰症最常見於母牛乳房，特別在被毛稀疏的乳房下部。

㈡症狀

水泡主要發生在體表被毛稀疏的一些部位。患病早期，圍繞水泡的紅斑帶明顯，雖然水泡可能持續存在並轉化為膿皰，形成黃色痂皮，但水泡容易破裂。損害常累及毛囊，導致痤瘡的發生，引起更深更廣泛的損害。

㈢治療

一般只需要局部治療。用有效的殺菌劑洗患處皮膚，每日兩次通常就足以使疾病痊癒。

8-7-6 蕁麻疹

蕁麻疹 (urticaria) 的特徵是在皮膚表面出現風疹塊。

㈠病因

原發性蕁麻疹常是昆蟲叮咬和接觸有刺毛的植物的結果，也與攝食異常食物或使用某些藥物如青黴素有關。

㈡**症狀**

　　蕁麻疹的損害出現得很快，通常數量很多，特別在軀幹部分。疹塊直徑為 0.5～5.0 cm，突起於皮膚表面，頂部扁平，觸摸時感到皮膚緊張。

㈢**治療**

　　常見於自然康復。抗組織胺可提供最好和最合理的治療，也可注射腎上腺素，一次治療通常已足夠。對大型動物注射鈣鹽有良好療效。

8-7-7 溼疹

　　溼疹 (eczema) 是上皮細胞對敏化細胞物質的一種炎性反應。

㈠**病因**

　　當皮膚細胞與病原接觸時會發生溼疹。病原可分外源性及內源性，外源性病原包括外寄生蟲、某些肥皂和某些抗菌洗劑；內源性可能是食入的蛋白質或自腸道吸收進入血液循環的致敏物質。

㈡**症狀**

　　真正的溼疹罕見於大型動物。急性時最早可見的病變是塊片狀紅斑，隨後出現小水泡，後者破裂後表面滲出液體、結痂。由於搔癢和摩擦發生脫毛、形成鱗屑和皮膚各層肥大，最後引起厚皮病，但皮膚是完整的。

㈢**治療**

　　治療的基礎是避免接觸致敏物質，往往採取下列措施：改變環境，包括改變飼料、墊草和周圍事物；驅除內外寄生蟲；避免潮溼與不必要的刺激，保護皮膚。治療溼疹時廣泛使用抗組織胺製劑，對急性病例具有良好效果。

8-7-8 皮膚炎

皮膚炎 (dermatitis) 包括以真皮和表皮發炎為特徵的一些疾病。

㈠病因

1.細菌性皮膚炎：

如由剛果嗜皮菌 (*Dermatophilus congolense*) 和皮膚嗜皮菌 (*Derm. dermatonomus*) 所引發的牛、馬和羊的皮膚炎。

2.病毒性皮膚炎：

痘病、牛痘和偽牛痘、豬痘、馬痘、綿羊痘等。

3.真菌性皮膚炎：

如馬的孢子絲菌病。

4.後生動物性皮膚炎：

如疥瘡蟎和恙蟎引起的皮膚炎、帶油絲蟲病、皮膚型柔線蟲病和冠絲蟲病。

5.物理因子所致皮膚炎：

日曬、過熱或過冷等。

6.化學性皮膚炎：

口服或經皮膚吸收化學毒物（如砷）均可引起皮膚炎。

7.變應性皮膚炎：

表皮對正常時無害的物質敏感性增高，引起典型的溼疹；更強烈的損害則可引起皮膚炎。

8.營養缺乏所致皮膚炎：

某些維生素 B 缺乏會引起豬的皮膚炎。

9.未明原因：

　　　如馬增生性皮膚炎。

㈡症狀

　　皮膚的發病區域首先出現紅斑和溫度升高的情形，之後可能發生分散的水泡性損害或瀰漫性的滲出，嚴重病例可能發生皮膚和皮下組織水腫，接著可能進入癒合階段。若損害較嚴重，則可能發生患區皮膚壞死甚至壞疽。如感染傳至皮下組織可能引起瀰漫性蜂窩組織炎。

㈢治療

　　治療時必須先排除有害的刺激。在滲出階段，需要局部使用收斂性粉劑或洗劑；在結痂期則使用油膏。處於變性狀態時，建議使用抗組織胺製劑。當痛或癢的情況嚴重時，應使用麻醉劑。如果損傷廣泛或可能發生繼發細菌感染，注射抗生素或抗真菌藥物，可能比局部用藥更好。

8-7-9 光敏症

　　光敏症 (photosensitization) 是色素少的皮膚淺層對特定波長的光敏感所致，當敏化皮膚暴露於強光時發生皮膚炎。

㈠病因

　1.原發性光敏症：

　　　當植物生長迅速，處於茂盛青綠階段時，草食獸常發生食入外源性光能劑所致的光敏症，如黑點葉金絲桃和其他金絲桃屬植物含金絲桃素等。

　2.先天性光敏症：

　　　發生於先天性紫質病。

3.肝源性光敏症：

　　正常草食獸所攝食植物中的葉綠素，在胃腸道內經微生物分解成葉紅素後會被小腸吸收，再經肝臟隨膽汁排出。若肝機能重度障礙或膽管閉塞而使膽汁排泄受阻，導致葉紅素蓄積體內時，因葉紅素為一種光能物質，故會引起光敏症。

㈡症狀

　　侷限於皮膚的無色素區域和暴露在陽光下的部位，在體背側部最明顯，向兩側漸漸減弱，腹側、面側不見損害。損害易發的部位是耳、眼瞼、口鼻部、面部和乳頭外側面，外陰和會陰較少。開始時症狀是紅斑，隨後發生水腫。刺激是強烈的，病畜會摩擦患部，常因在灌木上摩擦而劃破面部。嚴重時發熱、呼吸困難明顯，常有神經症狀，包括共濟失調、後軀麻痺、失明、沉鬱或興奮等。

㈢治療

　　隔離病畜，給予緩瀉劑以排除食入之有毒物質。患部塗消炎或防腐殺菌軟膏，可給予抗組織胺、腎上腺皮質荷爾蒙、維生素 K 和強肝劑。皮膚病變嚴重而有敗血症時，可注射抗生物質。

8-7-10 脫毛

　　脫毛 (alopecia) 是指非生理性、非繼發於皮膚病變及非徵候性被毛脫失之脫毛。

㈠病因

1.神經性脫毛：

　　皮膚神經之營養障礙，多呈對稱性。

2.內分泌障礙性脫毛：

　　甲狀腺、性腺或腦下垂體荷爾蒙分泌障礙。

3.營養障礙性脫毛：

　　小牛缺碘性禿毛、維生素或必需脂肪酸缺乏、銅缺乏等。

4.先天性無毛症、稀毛症或脫毛症：

　　先天性毛囊缺乏、不發育或發育不全。

㈡**症狀**

　　在先天性毛囊發育不全的病例中，普通的被毛缺失，但在眼、唇周圍及四肢常有粗的觸毛存在。動物缺少被毛會對環境溫度的驟變比較敏感。

㈢**治療**

　　檢出病因再加以去除。改善營養和環境衛生；皮膚以紫外線燈照射或塗抹輕度刺激劑，以改善皮膚血液供應。

8-7-11 痤瘡

　　痤瘡 (acne) 是由化膿性微生物（包括葡萄球菌）所致的所有毛囊感染。

㈠**病因**

　　非特異性痤瘡是散發的疾病，馬比其他動物常見。損害常發生在挽具或馬鞍壓迫的地方。

㈡**症狀**

　　剛開始在毛的基部周圍出現小的結節，然後發展為膿皰。患處有痛感，並在擠壓時破裂，這將導致周圍皮膚的汙染。損害的區域隨著毛囊的感染擴散，發病毛囊中的毛常脫落。

㈢治療

將皮膚洗淨，然後用消毒藥液沖洗，患處應用抗菌軟膏或洗劑處理。如果損害廣泛建議注射抗生素，對頑固病例自體疫苗可能是有幫助的。

8-7-12 紅眼症

㈠病因

本病廣泛分布於世界各地，是因為眼結膜及角膜受到溶血性牛莫拉斯拉菌 (*Moraxella bovis*) 侵害造成炎症性的充血紅腫，嚴重者會因角膜潰瘍而導致失明。在病灶中除了莫拉斯拉菌以外，尚有多種病毒及病源菌可分離出來。夏季吸血昆蟲活躍、長時間的日光照射以及乾燥多塵的環境均為本病的誘因。

㈡症狀

本病均侷限在眼部，少有發燒、食慾廢絕及精神不振的現象。病程約 1～8 週。初期的症狀是結膜紅腫、角膜出現白斑以及眼垢增加；中期症狀是病畜畏光、眼垢增加、結膜紅腫及角膜混濁增加，且周圍出現新生血管。多數病程到此為止而逐漸康復，不會影響其視力；若有其他病原菌或病毒二次感染，則症狀會繼續惡化，以致角膜因潰瘍穿孔而失明。

㈢治療

酪農戶應於好發季節（夏秋之際）、日光較強烈及蚊蠅較活躍的時期注意牛隻眼部的變化狀況。若有異樣，應隔離病畜，並且實施嚴密消毒，以減少病原微生物，並消滅蚊蠅等吸血昆蟲。定期注射 IBR 疫苗，若情況嚴重即請獸醫來診治。治療以抗生素為主，如青黴素、氯

黴素及四環素均有效，尤其是在發病初期。此外應以 3% 之硼水沖洗患部。若眼球有嚴重潰爛，應以外科手術切除該眼球。

習　題

1. 請說明下列疾病的臨床症狀。

 ⑴糠疹   ⑺溼疹

 ⑵角化不全   ⑻皮膚炎

 ⑶角化過度   ⑼光敏症

 ⑷厚皮病   ⑽脫毛

 ⑸膿皰症   ⑾痤瘡

 ⑹蕁麻疹   ⑿紅眼症

2. 何謂肝源性光敏症？

3. 請說明溼疹的病因。

◆ 8-8 代謝性疾病 ◆

8-8-1 乳熱

乳熱 (milk fever) 為分娩後因血鈣濃度太低導致全身肌肉弛緩、循環障礙和意識障礙為主徵之疾病。本病多發於 3～5 產次（6～8 歲）泌乳量高之母牛，分娩後 48 小時內發生者占絕大多數。

㈠病因

一般認為本病主因為血鈣過低，其平衡失控之原因如下：

1.妊娠末期胎兒骨形成需大量的鈣，初乳合成亦需多量的鈣，而妊娠末期動情素分泌急增會抑制骨頭釋鈣、腸管吸收之鈣量減少等。

2.分娩前若給予高鈣飼料會促進降血鈣素分泌，持續地抑制自骨頭提取鈣而引起低鈣血症。

3.磷攝食過多會減少維生素 D 活性代謝物之形成，而其缺乏會抑制腸管吸收鈣，形成低鈣血症。

4.飼料缺乏鈣，或消化道疾病妨礙腸吸收鈣。

㈡症狀

1.初期：

不安、興奮、過敏、四肢和頭部肌肉震顫，但不久即移行為麻痺、意識障礙、起立不能。

2.伏臥期：

頭頸部彎曲於一側，頭部放在肩上而伏臥。

3. 昏睡期：

　　　　四肢伸直而完全弛緩，各症狀更形惡化。心跳數增加為每分鐘 120 次而心音幾乎消失，血壓下降而頸靜脈不能使之怒張，12～24 小時後突然呼吸停止或昏睡而死亡。

㈢治療

　　從靜脈緩慢注射鈣劑，然後再進行皮下注射；或以氯化鈣注射亦有效。併發低鎂血症時以硫酸鎂進行皮下注射。防止復發可經口投與氯化鈣膠。

8-8-2 酮病

　　酮病 (ketosis) 是因碳水化合物和揮發性脂肪酸之代謝障礙而引起，以酮血症、酮尿症、低血糖症、肝臟肝糖降低為特徵。臨床上呈現消化障礙或神經症狀之疾病稱為酮病。

㈠病因

　　酮病的原因極為複雜，歸納後可分為代謝障礙和內分泌機能障礙等。代謝障礙包括草醋酸缺乏、輔酶缺乏、乳腺乳脂肪合成障礙及第一胃黏膜酮體生成過多等。內分泌機能障礙包括腦下垂體前葉‧腎上腺皮質機能不全、甲狀腺機能不全或其他荷爾蒙分泌異常等。

㈡症狀

　　一般依症狀分四型：

1. 消化道型：

　　　　此型最常見，發生於分娩後數天至數週間。主徵為沉衰、食慾減退至廢絕、泌乳量急減、腹圍縮小及消瘦。

2.神經型：

發病時期與分娩期無關。除上述消化道型症狀外，尚有明顯之神經症狀。

3.乳熱型：

多發生於分娩後數天內，症狀類似乳熱，但事實上兩病常併行發生。

4.隨伴型：

繼發或併發於內科疾病、外科疾病及感染症等，血液和尿中酮體增量而症狀不一。

㈢**治療**

糖源補充、合成腎上腺皮質荷爾蒙注射、維生素類注射等。神經型酮病則須給予水合氯醛、鹽酸 promazine 肌肉或靜脈注射、硫酸鎂皮下或靜脈注射、葡萄糖酸鈣靜脈注射等。此外，對消化道型尚可實行第一胃之胃液移植。

8-8-3 羔羊和犢的白肌病

羔羊和犢的白肌病 (white muscle disease)，主要發生在美國的北半部。在西部山區中某些灌溉良好的地區，本病最為嚴重。在綿羊群中，本病常被稱為羔羊僵硬症。

在受侵襲的綿羊群和牛群中，損失範圍可自此個體散發，以致在年輕的羊群中有很高的發生率。本病最常發生在 3～4 週齡的羔羊，和 4～5 週齡的犢。

本病的病因尚不明，但和缺乏維生素 E、維生素 E 和硒（或者可能和硫）的交互作用，有密切關係。

㈠症狀

　　本病會引發肌肉衰頹。患病羔羊的最初症狀為難於起立和跟隨母綿羊。在 3 或 4 日以後腿僵直，最後麻痺。一隻已麻痺的羔羊，如被安置於適當的位置，會吮吸母乳。但麻痺後通常隨之死亡；而從此病恢復的羔羊，通常永遠不能長大。

　　患病的犢表現衰弱，行走緩慢而有困難。大多數依然強健至足以站立和吮乳，但缺乏跑動和嬉戲的趨向。

　　腿部肌肉的傷害，最常發生在羔羊；而心臟肌肉的傷害，則以犢最常發生。當心臟肌肉受到傷害後，會出現呼吸用力的症狀，並在症狀出現後數小時內死亡。當犢以此種方式死亡時，在臨死之前會有血液著色的泡沫自鼻孔流出；膈肌、肋間肌和舌肌都常被侵擾。

　　患本病死亡的家畜，肌肉已失去正常的色澤，顏色較淺，或肌肉可被白色的條紋所漂白。羔羊的心臟內側面，可能有似白色琺瑯質的斑點。在死亡以前，心臟肌肉受傷和用力呼吸已有一段時間，使肺臟充血，有時該現象會被誤認為肺炎。

㈡預防

　　家畜在冬季時能自由進出牧區，白肌病不是一個普遍的問題。雖然研究顯示這種病是由於營養缺乏 ，或代謝不良和維生素 E 缺乏有關，但問題並不似所顯示那樣簡單。要預防此病，可在懷孕母綿羊的飼糧中加入含硒的廉價化合物 (Na_2SeO_3)， 或用該化合物的稀溶液給家畜灌服。在母綿羊沒有接受此般補充料的地方，如果依照規定給予藥物，羔羊將不會罹患此病。

習　題

1.何謂乳熱？請詳述其致病原因。

2.請詳述乳熱的臨床症狀及治療方法。

3.請詳述酮病的臨床症狀。

4.請說明羔羊及犢白肌病的預防方法。

◆ 8-9　乳房炎 ◆

　　乳房炎 (mastitis) 是全球性的乳牛疾病，最普遍也最花錢。只要有養牛的地方就有乳房炎，無論何處、無論牛群大小，很難找到一個完全無乳房炎的牛群。

　　乳房炎的發生有許多因素，如人、牛、環境、微生物與飼養管理等的交互作用所引起，本節即介紹這些因素，並蒐集近期關於這方面的研究資訊，期使酪農、獸醫、推廣人員、衛生人員及其他參與控制這類複雜疾病的人員，了解引起乳房炎的因素及因應對策。

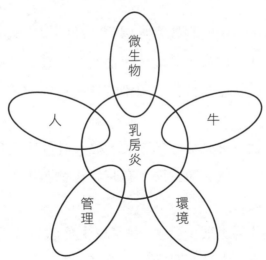

▶ 圖 8-34　造成乳房炎相互影響的因素

8-9-1 各類型乳房炎的定義

　　在考慮乳房炎的病因與如何控制之前，首先我們要先了解一些定義，使我們對這種會散布、使人迷惑又複雜的疾病有基本的認識。

　　乳房炎是乳腺發炎的一種反應，發炎是乳房的泌乳組織受創傷或感染微生物所引起，其中以微生物侵入乳房所致的乳房炎占大部分。當微生物經由乳頭溝 (teat canal) 侵入，且於乳腺組織內繁殖時，即形成感染。感染是否存在，可用無菌方式採集個別乳區的乳樣，在實驗室裡培養、分離再予以判定。依發炎的程度，可將感染分為臨床性或非臨床性。

㈠臨床性乳房炎

　　臨床性乳房炎可由肉眼觀察乳房或乳汁的異常來判定。至於亞急性，即中等臨床性乳房炎，其症狀包括乳汁及感染乳區有輕微變化，如乳汁有結塊、片狀或水樣化，感染的乳區可能會稍微腫脹及疼痛。

　1.急性乳房炎：

　　　急性症狀為突發紅、腫、硬、痛及乳汁不正常、乳量減少，其他症狀如牛發熱、無食慾，有時候也會發生。

　2.超急性乳房炎：

　　　超急性乳房炎很少發生，除了以上症狀之外，還包括牛消瘦、心跳及呼吸速率上升、肌肉無法協調、發冷及反射能力降低、脫水及下痢。

▌臨床性乳房炎的散布率

　　乳房炎的散布率一詞，是指不論何時，一牛群中受感染牛隻（或乳區）的數目（或百分比），也可稱為被感染的程度，但不是指感染的

發生率，即非感染的頻度或速度。對絕大多數的酪農而言，防治乳房炎的主要目標，在於使臨床性乳房炎的散布率降至最低。雖然近年因傳染性細菌所引起的臨床性乳房炎已開始減少，然而在某些牛群中，因環境性細菌（如大腸桿菌與環境性鏈球菌）所致的臨床性乳房炎卻有增加的趨勢。

㈡非臨床性乳房炎

非臨床性乳房炎無症狀，且無法以肉眼判定，然而可以分離病原菌或偵測因發炎而分泌的體細胞數來判定。由於此型乳房炎所產出的乳外觀正常，導致許多人無法了解此症蔓延的後果，及其對經濟造成的影響。現將視其為重要病症的理由說明如下：

1.其發生率為臨床性乳房炎的 15～40 倍。

2.非臨床性乳房炎會轉變為臨床性乳房炎。

3.長期存在。

4.難以偵測。

5.使乳量減少。

6.影響乳品質。

因非臨床性乳房炎是帶菌源，會散布病菌，形成牛群的感染源，因而更形重要。

▌非臨床性乳房炎的散布率

想要明確地估計非臨床性乳房炎的散布率並不容易，1960 年代估計約有 50% 牛隻，其中 50% 的乳區均被感染，即以乳區論，有 25% 被感染。近年來，非臨床性乳房炎散布率已下降，然而其散布率降低的程度不及臨床性乳房炎。

㈢慢性乳房炎

慢性乳房炎形成的原因，可能是由各型臨床性乳房炎或非臨床性

乳房炎轉變而來。間歇性地有臨床症狀出現，常導致乳房產生結痂組織，而使乳房容量變小及外觀變形，以致乳產量降低。至於由非臨床性轉變為臨床性乳房炎的時間變異很大，需視感染的病原菌種類、緊迫程度及其他因素而定。

㈣非特異性乳房炎

有時被稱為無菌性乳房炎，因乳中分離不出病原菌。

8-9-2 體細胞的定義及特徵

當乳腺組織受傷或被感染時，未被察覺的發炎已開始進行，多量的白血球已聚集於乳中。白血球為乳牛體內最重要的自然防禦角色，出現於乳腺的受損部位，目的即是與感染乳腺的細菌作戰。乳中的白血球伴隨少量由泌乳組織分泌的上皮細胞，已被酪農、獸醫、乳業專家、衛生人員及有關人員等，熟稱為「體細胞」。而白血球與上皮細胞的比例，依感染的形式而定，但一般白血球約占 98% 至 99%。白血球的增加為乳腺受損傷或感染的反應，而上皮細胞的出現則為乳腺受損傷或感染的結果。

8-9-3 引起乳房炎的微生物

引起乳房炎的微生物生存於牛的乳房、牛體、及其生活環境中，非常微小，無法用肉眼識別。常致乳房炎的微生物，可分為以下四類：

㈠傳染性 (contagious type)

這類微生物以金黃色葡萄球菌 (*Staphylococcus aureus*) 及無乳鏈球菌 (*Streptococcus agalactiae*) 為主 ， 其他有牛黴漿菌 (*Mycoplasma bovis*) 及牛棒狀桿菌 (*Corynebacterium bovis*)。這些微生物主要存在於已感染的乳房內，可在乳房內大量繁殖，常導致長期的非臨床性乳房炎。其傳染途徑主要是在搾乳時傳染給其他未感染的乳區。

㈡環境性 (environmental type)

當乳牛群的傳染性乳房炎獲得控制後，有時仍會發生因環境性微生物所導致的高比例的臨床性乳房炎。主要的環境性微生物包括兩種類型的細菌：

1. 除了無乳鏈球菌以外的鏈球菌屬，皆稱為環境性鏈球菌。

2. 環境性鏈球菌包括乳房鏈球菌 (*S. uberis*) 及異乳鏈球菌 (*S. dysgalactiae*)；而大腸桿菌群 (*Coliforms*) 包括大腸菌 (*Escherichia coli*)、克雷氏肺炎桿菌 (*Klebsiella pneumoniae*)、產酸克雷伯氏菌 (*K. oxytoca*) 及產氣性大腸桿菌 (*Enterobacter aerogenes*)，其來源為糞、牛床墊料及土壤。

由環境性微生物引起牛隻乳房炎的比率低於 5%，且對牛群總乳體細胞數影響不大。這些微生物主要存在於牛生活的環境，包括糞、土壤、墊料、草料、水及植物中。圈飼的牛較放牧的牛容易感染此型微生物，冬季圈飼牛感染臨床性乳房炎的比例較高。

因環境性微生物所引起的乳房炎於某些牛群有增加的趨勢，其原因可能為傳染性微生物所致的乳房炎已被控制，及環境性微生物較易侵入圈飼的乳牛群造成感染。正因為環境性微生物於牛生活的環境中無所不在，故很難將它消除。

㈢伺機性 (opportunistic type)

這類細菌包含除了金黃色葡萄球菌以外之 20 餘種葡萄球菌，一般稱為葡萄球菌屬或非凝固酵素葡萄球菌。雖然這類細菌經常從乳汁中分離出來，然而對體細胞數影響不大。非臨床性乳房炎在已被感染乳

區之乳汁，體細胞數約為 100 萬，很少有臨床性乳房炎的徵狀，即乳房及乳汁很少有徵狀出現。這類細菌經常存在於健康牛的乳頭皮膚及搾乳者之手，趁機從乳頭溝侵入乳房的泌乳組織。最容易感染的時候為乾乳初期，因乳頭皮膚不再被藥浴，沒有機會接觸殺菌藥的緣故。因此，於下一胎分娩時，是感染乳區比率最高的時期。許多牛會自然痊癒，隨著泌乳期進行，其感染率逐漸下降。

㈣其他微生物

許多其他微生物也會引起乳房炎。有些是因治療乳房炎時處理不當而感染此類型的微生物，其感染率通常很低，但若持續暴露於有該種微生物的環境中，則會提高其感染率。

乳區也可能被念珠菌屬 (*Candida* spp.) （屬於酵母菌）、桿菌屬 (*Bacillus* spp.)、鉅桿菌屬 (*Serratia* spp.)、巴斯德桿菌屬 (*Pasteurella* spp.) 及 *Prototheca* spp. 的菌感染。雖然黴菌、黴及酵母菌廣泛分布於牛的環境中，但此等微生物的感染很稀少。因酵母菌所致的乳房炎，是治療感染乳區時使用到汙染的抗生素而導致，最常感染的酵母菌為白色念珠菌 (*Candida albicans*)。

8-9-4 乳房炎的診斷

實際觀察及實驗室測試均可診測個別牛隻或牛群乳房炎的狀況。

㈠牛側的檢查

1.臨床檢查：

最好趁剛搾完乳，乳房空的時候檢查。檢查乳區是否因急性乳房炎而有硬塊、腫脹、發熱、或為永久性傷害，例如有結痂組織致使乳房變形或萎縮。

2.前乳檢查：

　　搾乳前應施行前乳檢查，此法對於檢出臨床上不正常的乳汁、有乳房炎的牛隻應加以注意。不正常的乳汁可看到乳絮、結塊、乳片或水樣化乳汁。搾前乳也是刺激乳牛排乳 (letdown) 的機制。

　　通常採用特殊的杯或盤來檢查前乳，可在牛舍或牛欄內搾乳前實施。當採用杯子時應於每回搾乳後清洗並消毒。若於搾乳室內，有水沖洗時可直接搾至地板來觀察，水泥地上可加黑色磁瓦，使前乳搾至地面時便於觀察。

㈡**實驗室測試方法**

1.加州乳房炎試驗 (California mastitis test, CMT)：

　　加州乳房炎試驗及其他類似的試驗，可估計乳中體細胞數，其等級僅能概略得知體細胞數。搾乳時體細胞數慢慢增加，持高直到搾乳完畢，於未感染的乳區也是如此。為了準確起見，CMT 試驗應於搾乳前、前乳被拋棄後實施。CMT 試劑與乳中體細胞之遺傳物質反應形成一種膠質，依照乳與 CMT 試劑反應形成膠質的量，可分為 0、T、1、2、3 的等級，其程度如表 8–9。

▶ 表 8–9　依照乳與 CMT 試劑反應形成的膠質量分級

等級	膠體
0	無
T	輕微
1	輕微至中等
2	中等
3	嚴重

不過許多酪農寧願採用簡單的分級法如表 8-10：

▶ 表 8-10　酪農採用的簡單分級法

等級	膠體
N = 陰性	無
S = 懷疑	一些
P = 陽性	明顯

根據研究，CMT 反應與體細胞數平均值之相關性如表 8-11：

▶ 表 8-11　CMT 測得之膠質量等級與體細胞數平均值之相關性

等級	體細胞（個）
0	100,000
T	300,000
1	900,000
2	2,700,000
3	8,100,000

　　每一頭牛的試驗結果都應該記錄下來，以便將來參考，此試驗對於非臨床性乳房炎診測極具意義。體細胞主要是從血液轉移至乳房的白血球，而白血球的增加，正是乳房受到微生物感染或機械性損害的一種反應，當乳之體細胞數偏高（每毫升超過 200,000 個），即顯示乳房內異常。但勿以 CMT 的結果作為治療乳牛的依據，因為體細胞數在 500,000 以上者，只有 60% 是真正被乳房炎病原菌感染的。

2. DHI 的體細胞數：

　　因有全自動的電子測定體細胞數儀器及電腦做紀錄，使參加乳牛群性能改良計畫 (dairy herd improvement, DHI) 的所有泌乳牛，均可定期測定體細胞數。

3. 導電度測定：

　　導電度測定適合研究用，但尚不適合用於乳業。其測定原理為利用同一頭牛之感染乳區與正常乳區乳之鹽類濃度不同來判定，細菌感染時，乳中鈉和氯離子會增加。

4. 從乳中分離微生物：

　　對於有乳房炎問題的牛群，了解引起乳房炎的微生物種類是非常重要的。此法採取個別牛隻的 4 個乳區乳（或 4 個乳區的混合乳）來作微生物分離。檢驗結果提供牛群感染微生物的資訊，在建議處置方式或決定需淘汰的牛隻時，是非常重要的。

習 題

1.什麼是乳房炎？

2.什麼是非臨床性乳房炎？

3.急性乳房炎的臨床症狀是什麼？

4.請說明造成乳房炎的原因。

5.什麼是體細胞？

6.請說明體細胞數與乳房炎的關係。

7.請說明獸醫對 CMT 的分級。

8.請例舉各種造成乳房炎的微生物。

◆ 8–10　豬的普通病 ◆

　　豬的普通病發生原因很多，但主要是因為誤食腐敗不潔或刺激性的食物，或是因豬舍不潔、空氣不流通、陽光照射不良、溼氣過高和排水不良等引起。所以應該重視環境衛生、飼養管理、均衡營養和防疫工作，才能保持豬的身體健康。

8–10–1 胃腸炎

㈠病因

1.原發性：

　　　　多因飼料中混有刺激性物質；餵食不定時、不定量；食入過多發霉或不潔的飼料；換飼料太快或飼料調配不當及感冒等。

2.繼發性：

　　　　多見於傳染性疾病和胃腸道寄生蟲感染症。如蛔蟲、鞭蟲、糞桿線蟲等。

㈡症狀

1.食慾減少、嘔吐、異嗜（如喜歡啃咬爛草、汙泥、爐灰）等。

2.精神欠佳、不願走動。

3.先便祕後下痢。

4.重症者無食慾、發燒、呼吸急迫、結膜潮紅、垂頭弓背等。

5.腸黏膜的表層或深層發生炎症：

　⑴表層炎症：症狀較輕微，主要為下痢、糞便稀粥泥狀，含有黏

液或不消化飼料及少量血絲且帶有黃色黏膜；尿量減少、呈黃褐色透明狀；喜歡喝水。

(2)深層炎症：症狀較嚴重，完全無食慾、無精神，下痢便帶有黏液及壞死黏膜，有臭味；體溫會增高；排咖啡色尿。

㈢治療

1. 初發病時，應減食及保溫。

2. 身體強壯者，可先灌服瀉劑（如甘汞、篦麻子油）及用肥皂水灌腸，使胃腸內容物排出，再投予健胃劑（如龍膽末等）。

3. 瀉痢持久者，應服用止瀉劑（如沙洛 (Salol)、鞣酸蛋白 (tannalbin)、碳酸鈣），並配合腸用磺胺劑（如 sulfaguanidine）和抗生素等。

4. 必要時實施輸液（如生理食鹽水、葡萄糖液等）。

5. 發燒者實施化學療法（如磺胺劑及抗生素等）。

8–10–2 仔豬下痢

此病為糞便中含水量較正常為高，導致大腸與小腸內容物增加而引起之下痢 (diarrhea)。

㈠病因

1. 傳染病的病原體：

大腸桿菌、豬傳染性胃腸炎 (porcine transmissible gastroenteritis, TGE) 病毒、豬流行性下痢 (porcine epidemic diarrhea, PED)、球蟲、輪狀病毒（有 3 種毒株）、梭菌（C 型）、隱孢子蟲等。

2. 飼養管理失宜。

3.母畜：

因母乳品質不良、母畜患病及乳房炎所引起。

4.緊迫：

如運輸、改變環境、氣候突變等。

㈡下痢的病理

小腸絨毛為小腸消化和吸收飼料營養物質的基本單位。絨毛底部細胞（腺窩）主要具有分泌腸液的功能，正常狀態時，絨毛的吸收能力超過腺窩的分泌功能。絨毛細胞有一定的壽命，不斷有新細胞自腺窩處生長，以取代死亡者。下痢有二種可能：

1.病毒性下痢（如豬傳染性胃腸炎、豬流行性下痢或輪狀病毒引起）及球蟲病：

會使絨毛細胞死亡而萎縮，造成小腸的吸收與消化作用銳減。同時，代償作用使不成熟的上皮細胞增加，腺窩部位的體液分泌增加；而且因絨毛無法吸收積存在腸中的食物，亦無法吸收食物中的水分，導致滲透壓增加、體液進入腸道中的容量增加，因而引起下痢。

2.細菌性下痢（如大腸桿菌引起）：

大腸桿菌毒素和梭菌毒素可引起腺窩部位的分泌增加，但對絨毛吸收的影響不大。

8–10–3 大腸桿菌性仔豬下痢症

由大腸桿菌引起的仔豬下痢症 (colibacillosis in piglet)，依習慣可分為三種，如表 8–12：

▶ 表 8-12　大腸桿菌引起的仔豬下痢症類型

病型	發生週齡	主要症狀	發生率	死亡率
早發性大腸桿菌症	1 週齡內	敗血症、下痢	1〜2%	70〜80%
遲發性大腸桿菌症	2〜4 週齡內	白痢	40〜75%	5〜15%
水腫病	6〜8 週齡內	眼瞼腫脹	1%	50〜100%

㈠早發性大腸桿菌症（又名黃痢症）

1.病因：

　⑴哺乳的母乳品質不良，如乳脂量過高、酸性乳、母豬飼料脂肪過多、母豬患乳房炎或產褥熱等。

　⑵受涼，如寒冷期分娩的新生仔豬腹部受涼而引起。

　⑶豬舍不潔，可引起仔豬腸內大腸桿菌繁殖，導致發生本病。

　⑷低血糖症。

2.症狀：

　⑴排下痢便，呈白色水狀或黃色。病豬會發燒、食慾廢絕、無精神、皮膚無光澤呈皺皮樣、後軀被糞便汙染、尾無力下垂。

　⑵同胎仔豬發生，不會傳染給其他窩的豬隻。

3.治療：

　⑴依病因治療。

　⑵改善飼養管理。

　⑶對病仔豬應進行輸液（包括葡萄糖、胺基酸、維生素 B、C 等營養劑）及化學療法（包括磺胺劑和抗生素等）。

㈡遲發性大腸桿菌症（又名白痢）

1.病因：

　⑴早發性大腸桿菌症。

　⑵2〜4 週齡的仔豬發育特別迅速、吃乳量多（包括人工乳汁），

因此會發生飼料及乳的消化吸收障礙。尤其因維生素 A 及鐵質攝取不足者發病最多。球蟲感染亦會引起本病。

2.症狀：

⑴主要症狀是會排出白色至黃白色下痢便。若轉為慢性時，會排出有臭味之濃黃白色或綠色水痢便。

⑵發燒、無精神、腹痛、衰弱以致不能站立。

⑶病況輕者會逐漸轉好而排固形便，但發育會遲緩。

⑷此病不會傳染，僅限於同胎仔豬，經治療 5～7 日後可治癒。但傳染性胃腸炎即不然，會迅速傳染給鄰近仔豬。

3.防治：

⑴依病因治療。若不是由微生物引起，可投予酵母劑、止瀉劑（如次硝酸鉍、鞣酸蛋白等）；起因於大腸桿菌者，可投予腸用磺胺劑（如 sulfaguanidine 和 nitrofrazolidon、tannalbin、kaolin 等）；若由寄生蟲引起，應予驅蟲。

⑵重症者可分別對仔豬肌肉注射廣效性抗生素 terramycin, streptomycin 和 sodium sulfamethazine 等。

⑶預防注射：母豬分娩前可注射豬肺疫、腸炎混合菌苗。

⑷抗生素添加到飼料中作預防。

　①在母豬分娩前後，飼料中可添加歐羅肥 Sp-250 (Aurofac Sp-250)，每公噸飼料中添加 2.25 公斤，連餵 1～2 個月有預防之效。

　②每公噸飼料中添加 2.27 公斤肥豬公-10 (Mecadox-10) 亦有預防效果。

⑸仔豬在 4 日齡及 14 日齡時，分別對肌肉注射鐵劑及 terramycin。

(6)改採高床飼養，應加強保溫和通風設備，並改善環境衛生。

(7)藥物療法無效時，可採用同日齡仔豬更換母豬哺乳。

㈢水腫病

是由溶血性大腸桿菌的毒素所引起的疾病。

1.病因：

(1)飼料性：一時多食飼料、急速改變飼料、嚴寒期給予過冷飼料和飲水等。

(2)管理失當：如受涼、密飼、衛生管理不良等。

(3) 大腸桿菌的感染引起。

2.症狀：

病程經過快速，可在數小時或一天內死亡。

(1)本病突發，發病的仔豬多為 6～8 週齡、營養狀況極良好者。

(2)發病前會便祕或下痢，食慾不振甚至廢絕。

(3)因血液循環障礙會發生全身性水腫，外觀可見於眼瞼、鼻翼、下顎部位；內臟（如胃、腸與全身淋巴腺）及其周圍組織均會浮腫及膠樣浸潤。

(4)喉頭浮腫而發出嘎聲，發高燒而呼吸困難，末期因痙攣而死。

3.防治：

(1)隔離治療，盡速對同窩仔豬作化學療法預防。

(2)儘速對病仔豬注射抗組織胺、氯黴素及大量輸液療法。

(3) 6 週齡的仔豬，飼料含蛋白質量應由 21% 降至 18%，並添加抗生素（如前述），可以預防本病發生。

(4)應注意飼養管理和驅蟲工作。

8-10-4 便祕

本病多發生於夏季，因缺水和運動不足引起者較多。

㈠病因

1.原發性：

夏季時，食物含水量少；少吃青飼料，缺水、運動不足及畜舍不通風等。

2.繼發性：

一切會發燒的疾病，或外科手術後腸麻痺等。

3.懷孕及分娩後的母豬較易發生。

4.其他：

如由腸狹窄及異物等引起。

㈡症狀

1.食慾減少、有排便困難的姿勢，或排出硬小糞便，如羊糞粒狀。

2.數日未排糞或排糞次數甚少。

3.腹部臌脹、疝痛、苦悶、不敢動等。

4.發燒至 40 ℃ 左右、結膜充血、瞳孔散大。

5.仔豬會因吸收腸道內有害氣體，引起中毒，發生癲癇現象。

㈢治療

1.可使用微溫肥皂水或甘油生理食鹽水實施通腸，以排除腸內糞塊和發酵氣體。

2.投予瀉劑，如硫酸鎂或硫酸鈉水溶液。

3.重症者可注射腸管蠕動劑（如 neostigmine methylsulfate），併用強心利尿劑以增強效果。

8-10-5 肺炎

　　本病是國內豬的主要疾病之一，占屠體檢驗病變豬的 71.4%。病原體的範圍廣泛，可分為下列五類：

1.細菌性：*Pasteurella* spp.、*Salmonella* spp.、*E. coli*、*Bordetella* spp.、*Actinobacillus pleuropneumoniae*、*Streptococcus* spp. 等。

2.邁可菌性：*Mycoplasma hyopneumoniae* 等。

3.病毒性：如流行性感冒、豬瘟等病毒。

4.黴菌性。

5.寄生蟲性：豬蛔蟲及豬肺蟲的仔蟲、弓蟲等。

㈠病因

1.受涼感冒（60〜80 日齡仔豬最容易感染）。

2.飼養管理不當。

3.繼發於疾病或傳染病。

㈡症狀

1.食慾減少或廢絕、發燒、口渴、呼吸急促、開口呼吸或呼吸困難。

2.會痛苦短咳、排鼻分泌物；胸部聽診時，可發現各種囉音。

3.病程 2〜3 天或十數天不等。

㈢防治

1.原因療法：如驅蟲及各病的免疫血清的應用等。

2.對症療法：如祛痰劑、止咳劑、強心劑、解熱劑、營養劑的應用。

3.護理：改善環境和保溫等。

4.化學療法：如抗生素和磺胺劑的應用。

5.以添加抗生素於飼料中來預防，可參考前述。

8–10–6 膀胱炎 (cystitis)

㈠病因

1. 感染病，如細菌感染和敗血症。

2. 其他腫瘍及尿結石亦可引起。

3. 導尿時，導尿管造成損傷。

㈡症狀

1. 帶痛性的排尿困難及頻尿。

2. 尿變為濃稠、混濁，蛋白反應呈陽性。

3. 鏡檢尿沉渣可見膿球、紅血球、膀胱上皮細胞、細菌及尿圓柱體。

4. 膀胱部位的壓痛。

5. 慢性者沒有排尿疼痛或排尿困難等症狀，但病勢反覆不定。

㈢治療

1. 經導尿後注入稀釋 5,000 倍的 acrinol 液。

2. 口服尿路防腐劑（如 pipemidic acid 或 nitrofurantoin）。

3. 化學療法：磺胺劑和抗生素。

8–10–7 仔豬貧血

近年來養豬事業已進入大企業經營化，在有限度的豬舍飼養環境下，往往會使豬運動量不足、日曬量不足、無機物攝取不足（尤其是微量元素）而引起各種營養素的代謝障礙疾病。其中以因鐵質不足所引起的仔豬貧血最常發生。

㈠病因

因飼料中缺乏鐵成分，且仔豬無法由土壤中獲得鐵劑。根據多位專家研究報告，3 週齡仔豬總共需要 250～350 mg 的鐵質，但體內儲存加上來自母豬乳以及從飼料中得到的鐵質共 100 mg，尚缺 150～250 mg 的鐵質。因此仔豬於出生後 2～3 週齡時，會呈現貧血症狀。

㈡症狀

1. 2 週齡時，因缺乏鐵質使血液中的紅血球和血紅素大量減少，會引起發育遲緩、黏膜蒼白、精神萎靡、軟弱、皮膚缺乏彈性、粗糙不光澤、稍加動作便呼吸困難和下痢等症狀。

2. 病仔豬的血紅素會降至 2～4 g/dL（健康者為 9～15 g/dL），紅血球數降至 300～400 萬 /mm^3（健康者 13 日齡為 485 萬 /mm^3）。

3. 消瘦、體重減輕。惟貧血並非單獨一種鐵質不足，其他如銅、鎂、鈣、維生素 C 等微量物質似乎亦有關連。

㈢剖檢病變

所有組織及黏膜變為蒼白、肝剖面呈淡黃色樣的脂肪變性。

㈣治療

1. 可在病哺乳仔豬（7～21 日齡）的腿部肌肉注射鐵葡萄聚糖 (irondextran) 200 mg，另外應供給維生素 B$_{12}$、鈣、鎂及維生素 C 等。

2. 併用維生素 A、D、C，以舐劑或注射方式投藥。

3. 母豬及仔豬任食新鮮紅土。

㈤預防

4 日齡仔豬，每隻肌肉注射鐵葡萄聚糖 100 mg 和 200 mg，並配合給予維生素 B$_{12}$ 1,000 μg。

8-10-8 無機物代謝障礙疾病總論

　　動物體內的無機物雖然不能供應動物體內所需的熱量，但可與維生素協同作用，和蛋白質、碳水化合物及脂肪等營養素的消化、吸收及利用等代謝作用有關，是不可欠缺的五大營養素之一。同時無機物對抗疾病的功能也不能忽視，無機物過少會導致缺乏症，過多則會導致中毒症。中毒症又與其他的無機物交感作用有關，例如鈣過多，會使鋅發生交感作用，結果因缺乏鋅而使動物罹患角化不全症等。

▶ 表 8-13　無機物缺乏症

元素	缺乏症	元素	缺乏症
鈣 (Ca)、磷 (P)	佝僂症、骨發育不全	鋅 (Zn)	角化不全症
鎂 (Mg)	痙攣	碘 (I)	甲狀腺官能不全、分娩無毛仔豬
鐵 (Fe)、銅 (Cu)	貧血	錳 (Mn)	脫腱症
銅 (Cu)、鉀 (K)	運動失調	硒 (Se)	肌肉營養不良、毛細管病及水腫

▶ 表 8-14　無機物中毒症

元素	中毒症	元素	中毒症
鈣 (Ca)	角化不全症（Zn 交感作用）	鎘 (Cd)	貧血、皮膚炎（Fe、Zn 交感作用）
銅 (Cu)	黃疸、貧血（Fe、Se 交感作用）	鈷 (Co)	貧血（Fe 交感作用）
硒 (Se)	鹼病、蹄禿毛（As 交感作用）	氟 (F)	釉質發育不全、骨肥大（Ca、P 交感作用）
鐵 (Fe)	佝僂症（P、Se 交感作用）	鉛 (Pb)	運動失調、貧血（Fe 交感作用）
鈉 (Na)	高血壓（K 交感作用）	汞 (Hg)	佝僂症、發紺、多尿（Se 交感作用）
鋅 (Zn)	關節炎、下巴出血、胃腸炎（Ca 交感作用）	鋁 (Al)	佝僂症（P 交感作用）
砷 (As)	皮膚發紅		

8–10–9 豬皮膚角化不全症

　　飼料中高含量的鈣分會增加鋅的需求量，因此發生鋅缺乏症而引起皮膚角化不全症。本病較多發生於小豬。角化不全多發生於下腹部、臀部和背部皮膚，先呈圓紅斑及小膿皰，而後突起、結痂、易剝落、表層上皮全是很厚的具核之角質層，類似疥癬皮膚。細菌感染後會發燒、食慾不振，胸腺、免疫系統、睪丸之發育受阻。鋅中毒症會引起關節炎、胃腸炎、下巴出血。皮膚角化不全症之治療方法可於飼料中添加碳酸鋅 ($ZnCO_3$) 100～200 ppm、以大豆油塗抹皮膚表面。

8–10–10 豬桑葚狀心臟病

　　豬桑葚狀心臟病 (mulberry heart disease, MMD) 多發生於斷乳後7～10 天的仔豬。由於受斷乳的緊迫和食入過多不飽和脂肪酸，或飼料中因黴菌滋生、氧化作用，過度消耗維生素 E，引起維生素 E 缺乏所致。硒 (Se) 的作用類似維生素 E，缺乏兩者易引起肝壞死的肝機能障礙及心肌營養性退化的肌肉壞死，造成動物突然死亡。除了桑葚狀心臟病以外，也會發生白肌病、急性肝病和黃脂病。本病亦多見於羊。

8–10–11 豬的緊迫症候群

㈠病因

　1.受到內在和外界的種種刺激，產生強烈反應，其原因有：

　　⑴內在：由緊迫基因引起。

⑵外在：緊迫因子由於環境改變（如居住、氣溫、溼度及風吹）、
飼養管理的突然改變、打架、輸送、聲音、光線、觸覺等刺激
和預防注射、外科手術、擁擠、缺水、斷水及驅蟲等引起。

⑶上述緊迫因子加諸在低抗緊迫因子之豬隻（腎上腺發育較小）
身上時引起。

2.上述原因可使體內抵抗力減退，引起各種不良症候群。

㈡**症狀**

1.最明顯的原因是屠宰前的輸送、合併飼養時打架引起，會發生突
然呼吸困難及開口呼吸。

2.心搏動增加、體溫升高到 40 ℃ 以上。

3.皮膚出現紅紫斑，其他處則呈現蒼白。

4.不能站立。

因一連串的肌肉急速收縮使豬肌肉強直，無法站立。短時間內肌
肉收縮可引起乳酸量增加，使肌肉蛋白質發生變性及肌肉強直，皮膚
呈紅紫色，進而呈水樣異常肉，會影響肉的保存性及品質。

㈢**防治**

1.愛心的管理，保持安靜。

2.屠宰前或輸送前注射精神安定劑（如 4% 賜靜寧 (Azaperone)）或
抗炎症劑 （如副腎皮質酮），或另外使用重碳酸鈉以中和過酸症
(acidosis)。

8-10-12 皮膚炎 (dermatitis)

　　因為豬的生活環境及皮膚之新陳代謝較差，所以皮膚很容易產生皮垢而引起癢覺，經刺激後發生皮膚炎。豬的主要皮膚炎依病原不同，可分為寄生蟲性（如疥癬蟲、毛囊蟲）、皮膚癬菌性、過敏性（如溼疹、蕁麻疹、血清病）、細菌性（如鏈球菌、葡萄球菌）及營養代謝障礙性（如皮膚角化不全症）等。

㈠**皮膚黴菌病**

　1.病因：

　　　　錢癬菌類 (*Trichophyton* SP.) 及微小芽孢黴菌 (*Microsporum* SP.) 的感染引起。

　2.症狀：

　　⑴容易發生部位：頭部（尤其耳部較多）、背部、腰部及下腹部、內股部位皮膚。

　　⑵皮膚炎：先發現有小圓形，呈灰紫色、淡紅白色，然後出現錢癬時，會有脂垢屑及脫毛等。

　　⑶缺少癢覺、會傳染全群。

　3.治療：

　　⑴患部的剪毛及除脂屑工作。

　　⑵塗 1% 水楊酸酒精液。

　　⑶口服 nystatin、griseofulvin。

㈡溼疹

　1.病因：

　　⑴豬舍不潔。

　　⑵過敏性變態反應（飼料、環境、疥癬蟲、毛囊蟲或蝨的刺激）。

　　⑶外傷和藥物過敏。

　　⑷營養素的缺乏，如維生素 A、B 等。

　2.症狀：

　　⑴輕症：紅疹、水泡、出血、化膿、痂皮及癢覺等。

　　⑵重症：脫毛、皮膚有滲出物、出血、潰爛、發臭味為特徵。

　　⑶容易發生部位：耳根部、側腹部及下腹部位。

　3.治療：

　　⑴依致病因治療，如改善飼養管理等。

　　⑵對症療法：注射磺胺劑及抗生素，患部周圍的剪毛及用消毒劑

　　　（如 1～2% 來蘇 (lysol) 液）洗滌後，塗氧化鋅軟膏，一天一次。

㈢蕁麻疹

　本病亦屬於過敏性皮膚炎，多發生於發育良好的仔豬。

　1.病因：

　　⑴飼料過敏性：飼料中毒，如馬鈴薯、酒粕、飼料改變、餵給腐

　　　敗甘藷及食物殘渣等。

　　⑵昆蟲的刺激過敏性：因蚊蟲螫咬引起。

　　⑶紫外線照射：長時間的太陽照射。

　　⑷豬丹毒菌感染。

　2.症狀：

　　⑴突然在腹部、內股部、頸背部、側腹部位皮膚發生紅丘疹、癢

　　　覺及體溫上升等。

　　⑵食慾減退，有時會下痢。

　3.治療：

　　⑴安靜，給鹽類下劑或灌腸。

　　⑵注射抗組織胺。

　　⑶細菌性者注射抗生素。

8-10-13 中毒

　　企業化養豬盛行後，均改餵完全配合飼料，所以飼料中毒症的發生減少，但一部分餵以廚餘、蔬菜的殘渣加工副產品者仍有少數中毒病例發生。在豬中毒症中，以飼料黃麴毒素、鹽漬的菜汁及醬油粕（食鹽中毒）、甘藷黑斑病以及驅蟲劑、有機磷劑的中毒較常見。

㈠黃麴毒素中毒

　　若飼料中含有黃麴毒素 (aflatoxin) 200 ppb❷，連續餵豬，自第三日起即有厭食、被毛粗糙、精神不振、黃疸，病至 34～36 日則豬全部死亡。臨死前在耳、後肢下端皮膚有出血點及淤血斑。通常以含量 20 ppb 為限。治療方法是停餵發霉飼料（花生油粕、玉米）、改換飼料、注射一般解毒劑（如 methionine、林格氏液）、灌服 5% 醋酸水等。

㈡食鹽中毒

　1.病因：

　　⑴不知不覺長期飼餵鹽漬的菜汁或醬油粕。

　　⑵一時飼餵過量食鹽（成豬 23～445 g），此病例很少發生。

　　⑶水供應短缺。

---

❷1 ppb = 10^{-9}

2.症狀：

　⑴幼豬較多發病，以神經症狀為主。先興奮後麻痺，體溫正常。

　⑵發病時食慾不振、體表潮紅、可見黏膜充血；母豬陰唇潮紅、腫大如發情般；便祕，繼而發生癲癇，如口吐白沫；上、下顎咬合不斷，而後後軀麻痺、全身麻痺、橫臥不能站立，重症者死亡。

3.治療：

　⑴為了促進體內食鹽的排泄，應注射大量葡萄糖液，並給予充分飲水。

　⑵對症療法：對興奮者注射鹽酸嗎啡、苯巴比特魯鈉，或進行水合氯醛灌腸；對麻痺者注射強心劑安那加。

習 題

1.請說明豬原發性及繼發性胃腸炎的原因。

2.請列表說明仔豬各種大腸桿菌性下痢的發生週齡、主要症狀、發生率及死亡率。

3.請列舉導致豬隻下痢的原因。

4.請說明如何治療豬隻的便祕。

5.請列舉導致豬隻肺炎的病原體。

6.請說明豬膀胱炎的臨床症狀。

7.如何預防仔豬貧血？

8.請簡述各種無機物缺乏時的臨床症狀。

9.請說明豬緊迫症候群的致病原因。

10.請列舉豬皮膚炎的病因及其鑑別的方法。

◆ 8–11　小動物普通病 ◆

　　犬貓疾病包羅萬象，錯綜複雜，診斷上除了診療者要細心觀察與檢查外，許多疾病並需依靠診斷儀器（如 X 光機、超音波掃描儀、血液生化儀與心電圖等）所得的資料來加以分析，才能夠正確地診斷疾病。當然診療者的學術涵養亦非常重要，並需時時自我要求才可避免誤診。

8–11–1 嘔吐

　　嘔吐指胃或腸內容物經由口腔用力排出的現象，是小動物常見的一種臨床問題，亦是動物為了把有毒物質從胃移除的一種保護反射作用。嘔吐主要受嘔吐中樞與化學受器觸發區 (chemoreceptor trigger zone, CTZ) 所控制。嘔吐一般可分三期：噁心、乾嘔與嘔吐。嚴重嘔吐極易造成吸入性肺炎、體液離子之消耗與酸鹼不平衡。

㈠病因

1. 食物問題：

　　忽然改變每日食用之食物、吃入異物、吃得太快或食物過敏等。

2. 藥物：

　　難忍受的藥物（如抗癌藥）、不當使用抗膽鹼激導性 (anticholinergics) 類藥物或意外服用過量等。

3.毒物：

如鉛、乙二醇等等。

4.代謝性異常：

如糖尿病、腎病、肝病、低血鉀症與酸血症等。

5.胃之異常：

胃阻塞（異物、幽門黏膜肥大等）、慢性胃炎、寄生蟲、胃潰瘍與胃擴張等。

6.小腸異常：

寄生蟲、腸炎、腸管阻塞等。

7.大腸之異常：

大腸炎、便祕等。

8.腹部異常：

胰臟炎、腹膜炎、子宮蓄膿 (pyometra) 等。

9.神經異常：

如水腫（頭部創傷）、贅生物、炎症病灶等。

10.其他：貓的心絲蟲病、甲狀腺功能亢進及毛球等。

㈡臨床症狀

嘔吐原因繁多，常以何時發生、吃完食物多久發生嘔吐、吐出之內容物、反射性或間歇性慢性嘔吐等，作為診斷疾病之依據。

㈢治療

1.主要先行移去刺激原因。

2.控制嘔吐之因素。

3.藥物之使用，如抗嘔吐之 chlorpromazine 或 metoclopramide 的應用。

4.體液之矯正與酸鹼平衡。

8-11-2 急性胃炎

急性胃炎 (acute gastritis) 在小動物是一常見之疾病，主以胃部的炎症與胃黏膜的傷害為限；其很少以活體檢查與組織切片來證實，多以症狀來作為診斷依據。

㈠病因

1.食物：

　　如每天吃食腐敗或腐臭食物，造成食物產生發酵或腐敗。

2.異物：

　　年輕動物常因吃了異物（如玻璃紙、鋁箔紙、骨頭、塑膠、石頭與小玩具等），造成胃黏膜的機械性傷害。

3.毛球：

　　長毛之犬貓常有毛球在胃部之問題。

4.藥物方面：

　　如 aspirin、indomethacin、phenylbutazone、corticosteroids 等。

5.化學藥品：

　　誤食重金屬、清潔劑、化學肥料、除草劑等對胃部之刺激。

6.植物：

　　許多植物或植物毒素亦能引起急性胃炎。

7.傳染性因子：

　　由細菌引起者比較少。病毒方面有犬瘟熱、犬肝炎、冠狀病毒與犬小病毒。黴菌毒素亦會引起。

8.其他：

　　許多不明因子等。

㈡症狀

　　以嘔吐為主徵，其他症狀有噁心、打嗝、劇渴與異嗜，有黑糞或黑焦油樣糞亦可能為胃之疾病徵兆。

㈢治療

1. 去除原發因子，使黏膜恢復。
2. 矯正胃炎之二次性併發症，如嘔吐、腹疼、感染。
3. 輸液，以矯正酸鹼不平衡。
4. 限食食物。停飼幾天，以免刺激胃之運動與嘔吐。
5. 如無嘔吐，給予少量水或冰塊，以潤溼嘴巴即可。
6. 最少 24 小時後才給食，且以無機性或碳水化合物為主，如煮過之米或穀類拌乾乳酪或牛肉、嬰兒食品。避免餵飼含脂肪或蛋白質豐富之食物。
7. 給予止吐劑。

8–11–3 慢性胃炎

　　慢性胃炎 (chronic gastritis) 之特徵為胃部的黏膜有慢性炎症變化，且有胃病之臨床症狀。診斷除了以臨床症狀作為依據外，確診尚需做胃黏膜之活體檢驗。

㈠病因

　　確實引起慢性胃炎之原因尚未確定，但許多原因皆可影響而造成病變，如食物、抗原、化學物質、毒素、感染因子與免疫因子等，都會造成慢性胃炎。另外引起急性胃炎之因子亦因重複刺激而造成慢性胃炎。

㈡症狀

慢性胃炎在出現症狀前皆無病徵，嘔吐是最常見到的症狀，但並非每一病例都可見到嘔吐。而吐出物可供判斷，如吐出液體呈膽黃色或卵白色泡沫，或胃黏膜出血所吐出消化（或未消化）之血液。其他症狀有食慾缺乏、體重減輕、腹痛、沉鬱與劇渴。

㈢治療

1. 移去原發性因子。如異物性引起慢性胃炎，則需去除異物。
2. 控制飲食。食物中避免含高抗原性蛋白質，多給予碳水化合物，並予少量多餐。
3. 利用類固醇 (corticosteroids) 來控制免疫性胃炎，但會造成萎縮性胃炎之副作用，必須注意。
4. H_2-receptor blocker 之利用（如 cimetidine 與 ranitidine）至少使用 2 週，可改善慢性胃炎。
5. 避免長期用抗膽鹼激導性藥物治療，會造成胃無力與連續嘔吐。

8-11-4 下痢

下痢指的是糞便水分、排便次數和量異常增加，本身是一種症狀而不是病。其病因複雜、種類繁多，是犬貓腸管疾病最常見的臨床表現，也是小動物臨床最常遇見飼主訴說的症狀之一。下痢依其致病機轉可以分類為下列四種：

1. 滲透性下痢：

滲透性下痢是食物吸收不良，使水分滯留在腸腔所造成。其原因包括消化不良、吸收不良、食物中非離子部分無法順利運輸和某些瀉劑使然。

2.分泌性下痢：

黏膜過度分泌液體或離子，其與通透性、吸收能力和產生滲透差度的外來物質無關，而與產生腸毒素的大腸桿菌或沙門氏菌有很大的關係。此外，已知前列腺素、5-羥色胺 (serotonin)、胃腸激素、副交感刺激、二羥膽酸 (dihydroxy bile acids)、羥基脂肪酸 (hydroxylated fatty acids) 和某些瀉劑可導致小腸的分泌增加。

3.通透性增加下痢：

由於小腸黏膜表面的變化或異常，導致黏膜上皮細胞膜受損或孔隙變大，使細胞間液被動地滲漏成血液、黏液或蛋白質，從損傷的部位進入腸腔。於正常的動物，其吸收遠大於分泌而保持淨吸收；但若動物有異常，其分泌大於吸收則導致下痢。

4.蠕動異常：

蠕動增加可造成下痢，但減緩蠕動導致細菌生長過多亦可能造成下痢。

大多數的下痢至少涵蓋了上述其中之一種或多種因素而發生。此外，下痢依其發生的腸部位不同而分為小腸性下痢或大腸性下痢，又因病發的快慢而分為急性或慢性。

㈠病因

1.急性下痢：

⑴食物：無法忍受（突然改變或餵食過量）、過敏、品質差或食物中毒。

⑵寄生蟲：鉤蟲、蛔蟲、鞭蟲（狗）、梨形蟲、球蟲（貓）。

⑶感染：細菌（棒狀桿菌、沙門氏菌、梭狀菌、大腸桿菌）、病毒（小病毒、冠狀病毒、犬瘟熱、貓白血病病毒、貓後天免疫不全病毒）。

(4)其他：中毒（垃圾、化學物質、重金屬）、出血性胃腸炎（狗）、急性胰臟炎（狗）、腸外原因（腎衰竭、肝病、副腎皮質官能低下）。

2.慢性下痢：

(1)寄生蟲：梨形蟲（狗）、鉤蟲、蛔蟲。

(2)消化不良的疾病：狗胰臟外分泌性功能不全、貓乳糖酶缺乏症。

(3)非蛋白流失之吸收不良性疾病：食物無法忍受或過敏、炎症性腸病（淋巴球性漿細胞性腸炎、嗜伊紅性腸炎、肉芽腫性腸炎）、腫瘤（淋巴肉瘤）、感染（狗組織漿胞菌、狗慢性小腸細菌過度生長、貓白血病、貓後天免疫不全病毒、棒狀桿菌、狗梭狀菌）、絨毛萎縮。

(4)蛋白流失之腸病：小腸淋巴管擴張。

(5)其他：貓甲狀腺官能過旺。

㈡症狀

1.依急慢性可分為：

(1)急性下痢：突然發生，期間少於 5～7 天。顯著沉鬱、嚴重脫水、血便、偶有發燒。

(2)慢性下痢：病程緩慢，可以持續達 10～14 天以上。體重下降，食慾亦正常。

2.依發生部位不同而分為：

(1)小腸性下痢：體重下降、食慾貪婪、可能嘔吐、排便次數增加量亦多；少有黏液、少發生血便但可能有黑痢、裡急後重不多見，除有肛門或會陰刺激、腸蠕動音增加。

(2)大腸性下痢：體重少下降、食慾正常、可能嘔吐、排便次數異常增加、有裡急後重但量少、常有血絲或黏液便、無腸蠕動音。

㈢治療

1.抗生素的使用：

安匹西林 (ampicillin)、頭孢菌素 (cephalosporins)、甲黴素、
氯黴素。

2.蠕動調整劑：

鴉片劑或其他衍生物。

3.局部作用藥物：

次碳酸鉍、次柳酸鉍、白陶土與果膠混合製劑、單寧酸、制
酸劑。

4.使用驅蟲劑。

8–11–5 便祕

便祕乃糞便出現過度堅硬、堅實或乾，很難通過腸道而排出。便
祕較難處理，糞便可能嚴重蓄積在結腸與直腸之間，發生便祕的動物
無法排出蓄積之糞便。臨床上可見巨結腸，以明顯的結腸與直腸擴張
及運動性低下為主徵。造成便祕與糞便蓄積之原因，在犬貓多為後天
造成。一般而言，結腸前半段多以吸收水分為主，從小腸消化物中吸
收水分與電解質；而後半段以儲存為主，儲存糞便物質，直到糞便能
被排出為止。

㈠病因

1.飲食：

吃下異物，如毛髮、骨頭、石頭與砂，或食物成分為低纖維
者等。

2.環境：

　　　缺乏運動或貓便盆太骯髒等。

3.結腸阻塞：

　　　腸腔內因異物、贅生物、會陰赫爾尼亞之阻塞；而腸腔外則因骨盤骨折癒合、前列腺腫大、骨盤與會陰贅生物等造成阻塞。

4.神經性疾病：

　　　脊髓性疾病 (L_4-S_3)、雙側性骨盤神經傷害、特異性巨腸症。

5.直腸四周疼痛：

　　　包括肛門囊炎、肛門膿瘍、肛門瘻管、肛門狹窄、直腸異物、假性糞積等。

6.代謝性與內分泌疾病方面：

　　　甲狀腺功能低下、副甲狀腺功能亢進、全身衰弱等。

7.藥物引起：

　　　如抗膽鹼性類、抗組織胺、抗痙攣類藥物、硫酸鋇、鴉片。

㈡症狀

　　便祕之續發症包括體重下降、脫水、不食、衰弱與沉鬱，腸內細菌過度生長，導致內毒素中毒、敗血症及發燒。

㈢治療

1.可施予灌腸劑以利糞便排出。

2.嚴重者可借重夾子夾出，如過分疼痛，可施予麻醉以減少痛覺。

3.有脫水或電解不平衡時，必須矯正。

4.食物中可添加米糠或甲基纖維素以幫助排出。

5.如為藥物引起，則需停藥。

6.利用外科方法來矯正。

7.給予抗生素抑制腸內菌過度生長。

8–11–6 貧血

貧血乃因紅血球數量減少，造成攜帶氧氣到組織的能力降低。貧血可分為再生性貧血與非再生性貧血兩種。

(一)分類及病因

1. 再生性貧血：

主因為出血或溶血造成紅血球之減少，同時骨髓造血功能可快速發揮以補充血量。產生之原因有下列幾種：

(1)急性出血：如車禍、胃出血、外科手術。

(2)慢性出血：如內、外寄生蟲之寄生。

(3)溶血性：以血液寄生蟲之寄生為主因，如焦蟲症 (babesiosis)、血巴東蟲症 (haemobartonellosis)。

2. 非再生性貧血：

主因骨髓的功能被抑制，製造出來的紅血球不足以補充正常紅血球之耗損。其原因有下列幾點：

(1)脊髓消耗性貧血 (myelophthisic anemia)：主因贅生物細胞浸潤於骨髓中造成。

(2)貓白血病病毒：主因病毒抑制骨髓之功能。

(3)荷爾蒙、藥物或化學物質：如細胞毒性之抗癌藥、氯黴素、內源性或外源性之動情素 (estrogen)。

(4)營養缺乏性：欠缺造血所需之成分，如缺乏鐵質或維生素 B_{12}。

(5)腎衰竭，主要是缺乏紅血球生成素 (erythropoietin)。

(6)因慢性、衰弱性疾病以致產生中度非再生性貧血。

(7)犬艾利氏體病 (canine ehrlichiosis)：艾利氏體造成部分之溶血性貧血，為原發性非再生性貧血。

㈡症狀

　　大部分貧血之病畜，可見黏膜蒼白、心跳加快、弱脈與呼吸快速。較特殊之症狀亦可見黃疸（溶血性貧血）、發燒（傳染性貧血）、出血（因血小板缺乏，造成皮膚與黏膜之點狀或斑狀出血）、全身性疾病（如腎衰竭）造成之口腔潰瘍或從口呼出含尿臭味之氣味，另外有時亦可見脾腫大，但此並非特殊症狀。

㈢治療

1. 針對原發性病因加以治療，如艾利氏體病以四環素類抗生素加以治療。
2. 對症療法：補充造血所需之營養分，如維生素 B_{12}、鐵劑等。
3. 輸血，如 PCV < 15% 即必須考慮輸血治療。

8–11–7 黃疸

　　黃疸，乃體內血中膽紅素含量過高，造成血漿、組織中（如黏膜、鞏膜與皮膚）出現黃色色素。一般而言，黃疸為一種現象。因膽紅素的主要排泄器官為肝臟，在肝臟中，膽紅素會與肝細胞內之葡萄糖醛酸 (glucuronic acid) 結合，變成疸性膽紅素而排入膽管；如果未與葡萄糖醛酸結合則無法排出，會造成膽紅素蓄積；或者因膽管阻塞，致使膽紅素無法排至十二指腸，引起疸性膽紅素蓄積，造成黃疸。

㈠分類及病因

1. 溶血性黃疸：

　　　大量紅血球被破壞，使膽紅素的產生速率大於肝細胞的處理速率，引起血中膽紅素量增高所致。如輸血不當、焦蟲病、自體免疫性貧血等。

2.肝因性黃疸：

　　因肝臟功能受損而無法處理正常產生的膽紅素，造成血中膽紅素量增高。如傳染性肝炎 (infectious canine hepatitis, ICH)、鉤端螺旋體症等造成肝功能受損而引致黃疸。

3.阻塞性黃疸：

　　膽紅素產生量正常、肝細胞功能也正常，但因膽管阻塞造成膽汁無法排出而產生黃疸。如寄生蟲造成膽管阻塞、肝結石、膽管發炎等。

㈡**症狀**

1.溶血性貧血：

　　黏膜蒼白、黃疸，心跳過快。如為溶血性細菌菌血症，則有發燒、沉鬱、脫水、瀰漫性血管內凝血，甚而休克。

2.肝因性黃疸：

　　沉鬱、輕度發燒、脫水、體重減輕、黃疸。如肝細胞受損嚴重產生纖維化，會有腹水出現。

3.阻塞性黃疸：

　　依引起原因不同稍有差異，但一般有沉鬱、體重減輕、黃疸、腹痛、脫水等症狀。

㈢**治療**

1.先行診斷出其病因，再針對病因治療。

2.對症療法：可依其症狀補充水分、營養補給、利疸劑、強肝劑之使用，溶血性黃疸引發之貧血如果很嚴重，仍需採取輸血措施。

8-11-8 腹水

正常情況下，腹腔中即含有少許漿液性液體。廣義而言，腹水泛指腹腔中所含的膽汁、乳糜、尿、血液、滲出液與漏出液等。腹水是疾病之次發性症狀，而引發症狀的主要原發性疾病大致上有鬱血性心衰竭、肝疾病、寄生蟲疾病、腹膜炎及腎臟疾病等。

㈠病因

1. 心臟性，如鬱血性心衰竭。

2. 肝臟性，如肝萎縮、肝硬化、肝腫瘤、血行障礙或門脈張力過大。

3. 腎臟疾病。

4. 外傷性，造成血液、乳糜、膽汁進入腹腔。

5. 腫瘤，如腹腔惡性腫瘤 (abdominal carcinomatosis)。

6. 中毒，如殺鼠靈 (warfarin) 中毒，致使出血至腹腔。

7. 腹膜炎。

8. 寄生蟲性，如心絲蟲。

㈡症狀

1. 如為先天性疾病或非感染性疾病，則無發燒情況。

2. 腹部變大。

3. 貧血，如外傷害造成，可見黏膜蒼白；慢性貧血則伴有四肢浮腫。

4. 呼吸急促。

5. 腹部叩診時有液體波動，且伴有水平濁音界。

㈢治療

1. 如為鬱血性心衰竭引起腹水，可給予洋地黃強心利尿劑，但使用時需偵測血中鉀離子量。

2.如為營養不良引起之腹水，除需施予營養補充治療外，並需針對原發病因予以去除。

3.對心絲蟲引致之腹水，需予以驅蟲，如成蟲數量過多且已影響心肺功能者，可考慮用外科方式取出成蟲以減緩病情，再使用驅蟲劑驅蟲。

4.中毒者（如殺鼠靈中毒），則可補充維生素 K。

8–11–9 產褥急癇

產褥急癇 (puerperal eclampsia) 亦稱分娩痙攣 (puerperal tetany)，是一種低血鈣所引發之症狀，包括痙攣、呼吸急促、高溫、無法站立。在犬、貓常發生，偶發於母牛與馬。本病多發於分娩後且生較多仔數時，亦會發生於分娩前。

㈠病因

低血鈣主因為鈣流失過多，身體中儲存之鈣一時無法補足，或副甲狀腺功能一時無法調適，造成鈣之代謝不平衡。

㈡診斷

依病史、臨床症狀與治療之反應，可診斷本病。

㈢治療

靜脈注射葡萄糖鈣以矯正血鈣不足，15 分鐘後即可改善臨床症狀，必要時可停止哺乳 24 小時或施予斷奶。

8–11–10 假懷孕

未懷孕之母犬，其生理與行為狀況均類似懷孕母犬時，稱為假懷孕 (pseudocyesis)。

㈠病因

在動情間期（diestrus，即黃體期），無論母犬是否已交配，其黃體均會正常分泌黃體素，促使乳腺分泌而類似懷孕。一旦黃體素的濃度降低至 1 或 2 ng/mL，動情間期及假懷孕即停止；此時泌乳素 (prolactin) 突然增加，而有泌乳作用。

㈡症狀

發情中之症狀類似懷孕中期症狀，如乳腺發育、行為改變與吃過多而體重增加等。在發情結束（60～80 天）出現築巢、不安攻擊、不食的情況，腹圍突然變小，有乳汁或紅棕水樣液產生。

㈢治療

1. 藥物治療：

以 mibolerone 16 μg/kg 口服 3～5 天 ；或 methyltestosterone 5～30 mg，一天一次，連續 5～7 天。

2. 減少母犬之食物與水，以減少泌乳。

3. 必要時實施卵巢子宮切除術。

8–11–11 子宮蓄膿症

㈠病因

1. 荷爾蒙失調，見於黃體期而以助孕素 (progesterone) 為激化原因，造成子宮內膜增生。

2. 細菌性二次性感染，最常見之細菌為大腸桿菌；另外鏈球菌、葡萄球菌、假單胞菌、沙門氏菌、克萊勃士桿菌、變形菌等亦可見。

㈡症狀

1. 一般發生於老犬，且剛發情過後 4～10 週。

2. 開放式子宮蓄膿症：

以膿樣或帶血膿樣之陰道分泌物流出為主。有些病犬伴有全身症狀，如昏睡、沉鬱、厭食、多尿與劇渴；部分病犬並無全身症狀。

3. 封閉式子宮蓄膿症：

陰道不見分泌物，但腹圍膨大，且會演變成非常嚴重的疾病（如毒血症）而伴有嘔吐、脫水與氮血症，甚而休克及昏迷。

㈢治療

1. 如為封閉式子宮蓄膿症，可實行卵巢子宮切除手術治療。

2. 如為開放式子宮蓄膿症，除了採取外科手術切除卵巢子宮外，另可採用內科療法，如 prostaglandin $F_{2\alpha}$ 併用抗生素治療。

8-11-12 隱睪症

隱睪症 (cryptorchidism) 之症狀為睪丸沒有下降至正常陰囊的位置，此情況多發生於單側，會影響授精能力。

㈠病因

1. 常為遺傳性因子，由多數基因影響，尤其是血緣相近之品種，如約克夏犬、博美犬、迷你或玩賞之貴賓犬、哈士奇犬、迷你雪納瑞犬、吉娃娃犬等。品種愈相近患病率愈高，且發生雙側性隱睪症之比例較單側性隱睪症更高。

2. 在性腺發育時荷爾蒙不足，以致刺激不夠。但此情況較少發生。

㈡治療

　　1.去勢，主要因為患有隱睪症的公犬不能作為種公犬，且如果睪丸
　　遺留在腹腔，產生贅生物之機率會大增。

　　2.對於存在鼠蹊部之睪丸，可以 HCG 25～100 IU 肌肉注射，每週
　　二次，連續使用 4～6 週。但治療好時不可作為種公犬。

8–11–13 犬傳染性性病瘤

　　犬傳染性性病瘤 (transmissible venereal tumors, TVTs) 屬來自間葉
之接觸性圓形細胞腫瘤，藉由交配、互舐或非性器官黏膜表面之接觸
而感染。發生此病的區域分布甚廣，遍及全球。

㈠症狀

　　此病一般發生在公犬或母犬之性器官上。公犬的陰莖表面最常受
到波及，而包皮內面的上皮細胞表面亦可發生。散播位置以淋巴結為
主，尤其是局部淋巴結；偶發於陰囊或會陰附近，對於較遠區域亦會
波及（如腹部器官、肺、眼窩與中樞神經系統等），但較少發生。罹患
此病時會產生惡臭帶血物，且腫瘤亦會增生，可存在數月之久。

㈡治療

　　1.化學治療，以 vincristine (Oncovin®) 進行靜脈注射。

　　2.放射線治療。

　　3.外科切除。

8–11–14 中毒症

　　犬之中毒多屬意外發生，如外用性驅蟲藥使用不當，或誤食殺鼠
之餌料等等。

㈠**病因**

1.誤食老鼠毒餌，如砒酸、殺鼠靈等。

2.舐食外寄生蟲殺蟲劑，如牛豬安（Neguvon，又名豬優樂）、害蟲逃 （Asuntol，又名牛壁逃）、毒死蜱 (Dursban) 及巴拉松 (Parathion) 等。

3.藥物使用不當，如麻醉劑、驅蟲藥。

4.毒蛇咬傷。

㈡**症狀**

嘔吐、痙攣、垂涎、意識障礙、肌肉震顫、昏睡等變化。

㈢**急救**

1.如因過量使用外寄生蟲劑而中毒，需洗掉身上的藥劑，以免持續吸收。

2.有機磷中毒以阿托品 (atropine) 配合巴姆 (pralidoxime, PAM) 治療。

3.殺鼠靈中毒者，需補充維生素 K_1 以產生競爭拮抗。

4.過量使用麻醉劑者，則需給予呼吸興奮劑，如 doxapram、4-aminopyridine 與 yohimbine。

5.蛇毒咬傷者，除了注射血清外，亦可配合對症療法，並施予抗生素治療，防止二次細菌感染。

6.對症療法，除了配合去因療法外，給予強肝劑、複方維生素，並施予點滴或供應氧氣。

8–11–15 癲癇症

癲癇症 (seizure) 為忽然發作，短時間改變其行為，包括活動力、意識、感官或自主性功能。癲癇症常伴有陣發性節律障礙。

㈠**病因**

1.先天性：

　　　包括原發性癲癇、水腦症、腦間發育不全、血管畸形，溶小體的 (lysosomal) 儲存疾病。

2.傳染性／炎症性疾病，包括下列幾種：

⑴病毒性：犬瘟熱、貓傳染性腹膜炎。

⑵黴菌：尤其是隱球菌。

⑶原蟲：弓蟲。

⑷細菌。

⑸自發性：肉芽性腦膜腦炎。

3.代謝異常，包括：

⑴低血糖症。

⑵肝腦病：如先天性門脈系統分流、肝病末期。

⑶低血鈣症：如副甲狀腺功能低下、乙二醇中毒、腎病。

⑷高脂蛋白血症。

⑸尿毒性腦病。

⑹酸鹼不平衡。

⑺缺氧。

4.毒性，如鉛、有機磷、馬錢子素、乙二醇等中毒。

5.傷害（外傷），尤其頭部。

6.血管異常，如貓缺血性腦病、動脈炎、血栓栓子病、動脈硬化等。

7.贅生物，包括原發性或轉移性。

㈡**症狀**

　　引發癲癇症的原因各異，所呈現之症狀亦不盡相同，但大致上常見之症狀有強直性或陣發性痙攣、動物無意識、游泳性運動、後弓反

張、口齒連續咬動、垂涎、尿失禁，有些發作後不久即可自行站立，恢復正常。

㈢治療

1. 一般以抗痙攣藥治療，如 phenobarbital、 primidone potassium bromide、phenytoin、diazepam (Valium®)。

2. 對症療法，如因低血糖與低血鈣引發者，可給予 50% dextrose IV 和 10% calcium gluconate 後，慢靜注給予。

3. 針對引發症狀之病原給予適當之化學劑，如抗生素、磺胺劑、抗黴菌劑等。

8-11-16 皮膚炎

犬之皮膚炎在犬的病例中占有相當大的比例，尤其在夏季。而犬之皮膚炎病因複雜，必須針對原發病因加以治療，才可達事半功倍之效。在此依其病因稍作簡介，如有興趣可參閱其他犬皮膚炎之專著。

㈠病因

1. 內因性：

　　肝臟機能障礙、新陳代謝異常與過敏症等原因。

2. 外因性：

　　跳蚤叮咬引起之過敏性皮膚炎、頸圈刺激引起之接觸性皮膚炎、皮膚外寄生蟲（如疥癬蟲、毛囊蟲等）均屬之。

3. 傳染性：

　　如細菌、黴菌引起之皮膚炎。

4. 營養缺乏性：

　　如缺乏維生素 A、鋅所造成之皮脂漏症等。

㈡依其病因分類

1. 細菌性皮膚炎：

如葡萄球菌引起之化膿性皮膚炎。

2. 過敏性皮膚炎：

分吸入性、食物性、接觸性、腸寄生蟲性，以及跳蚤叮咬所引起的過敏性皮膚炎。

3. 免疫性皮膚炎：

如毒性上皮壞死。

4. 自體免疫性皮膚炎：

如紅斑性狼瘡，天疱瘡等。

5. 寄生蟲性皮膚炎：

如疥癬、毛囊蟲、壁蝨叮咬皮膚。

6. 內分泌性皮膚炎：

如腎上腺皮質官能旺盛、甲狀腺機能低下等引致之皮膚炎。

7. 黴菌性皮膚炎：

如黃麴黴菌、隱球菌等。

8. 皮脂腺異常、角質化缺損與營養性皮膚炎：

如維生素 A 缺乏、皮脂漏皮膚炎等等。

9. 先天性與遺傳性皮膚炎：

如先天性禿髮症等。

㈢症狀

一般因激癢而搔身體，造成皮膚脫毛、發炎，不能入眠、食慾不振，久後則以皮膚有色素沉著情形為主。

㈣治療

1.一般皮膚炎治療時必先剃毛，以助其療效。

2.給予藥物以減緩激癢之情形，並補充維生素 A、D、E 以改善皮膚營養狀況。

3.針對病因加以治療，如黴菌感染，可給予殺黴菌藥；疥癬蟲或毛囊蟲，可以 Ivomectin 或 Mitaban® (amitraz) 治療，或以 Neguvon®、Asuntol® 浸浴。

4.細菌引起之皮膚炎，則施予適合的抗生素加以治療。

習　題

1.舉例說明引發嘔吐之原因。

2.請說明如何治療急性或慢性胃炎？

3.請敘述下痢的致病機轉可分為幾種類型？

4.請說明下痢的一般臨床症狀。

5.請說明引發便祕的原因。

6.請敘述引起貧血之原因和類型。

7.請說明引發黃疸的原因有幾種。

8.請敘述引發產褥急癇之狀況及主要原因。

9.請說明引發子宮蓄膿症的原因。

10.請問子宮蓄膿症所呈現的主要症狀為何？

11.請問中毒時如何急救？

12.請說明引起皮膚炎的主要病因分類。

◆ 8–12　家禽普通病 ◆

8–12–1 啄食癖

　　啄食癖 (cannibalism) 又稱同類相殘癖，有多種方式，如啄肛、啄羽、啄趾、啄頭，及火雞的啄鼻等。

㈠病因

　　可能有單一或多種因素導致家禽喜歡互啄。如僅供應粒狀飼料、任飼、飼料中加入過量玉米、飼料槽或飲水槽不足使其互爭搶食、限飼太久、產蛋箱不足、產蛋箱的光線太亮、雞舍的光線太亮、太過密飼擁擠、雞舍太熱、營養和礦物質的缺乏症、外寄生蟲之刺激等。

㈡症狀

　　喜歡啄其同舍雞隻之肛、羽、趾、頭、鼻等，特別是當同類的身體某部位被啄流血後，更易引起大家的注意而爭相啄之，嚴重者有肚腸被啄出，甚或被吃掉之慘狀發生。

㈢治療

　　主要採用對症療法，如給予足夠的飼料槽、飲水槽；定時餵飼；避免過於密飼；改善通風減低積熱；雞舍保持適當的亮度；有色肉雞和種雞則一定要剪喙。

　　當雞群發生啄食癖時，有些輔助措施也常能發揮治療效果，如放入包心白菜、高麗菜或有葉的樹枝，引誘喜歡啄同伴的雞隻之注意力；將雞舍牆壁漆成紅色；將雞舍的電燈換成紅色燈泡；在雞受傷的部位

塗上焦油；提高飼料的鹽分（但不可超過 2%）使雞煩渴，因忙於喝
水而沒空啄別的雞隻；飼料中以燕麥取代部分之玉米；在飼料中足量
添加維生素、礦物質等措施皆可改善疫情。

8-12-2 熱衰竭

在高溫多溼又密飼的狀況容易發生熱衰竭 (heat prostration)。國內
的種雞及快要上市場的 5、6 週齡白肉雞在夏天常發生。

㈠病因

夏天高溫；雞舍通風不良；或數小時缺飲水。

㈡症狀

雞群突然大量死亡，死亡雞隻的雞冠、肉垂無毛的皮膚發紺呈紫
色；剖檢可見內臟，特別是腸道和腸間膜血管高度充血怒張。國內的
蛋雞熱緊迫雖不至於死亡，但其雞冠上部在夏天也往往會變紫、糞便
變水樣，甚至影響產蛋率。

㈢治療

改善通風設備是最有效的方法，但最好再裝設發電機，因為常有
在中午因停電而致風扇全停，導致大量死亡之案例。

8-12-3 嗉囊下垂

嗉囊的外觀長時間脹大，顯得相當鬆弛，即為嗉囊下垂
(pendulous crop)。

㈠病因

有可能為遺傳因素；不過也可能是傳染病導致，如馬立克病，其

淋巴腫瘤細胞侵犯到迷走神經，導致消化道蠕動變慢，因而使嗉囊脹大；又如飼料中黴菌過多，其產生的毒素也會使嗉囊蠕動變慢，致使嗉囊脹大；還有可能起因於雞隻的異食癖，例如喜歡撿食地上的羽毛，因羽毛不容易下嚥而滯留在嗉囊。

㈡症狀

嗉囊脹大。

㈢治療

遺傳因素和馬立克病引起的嗉囊脹大無法治療；黴菌毒素引起者，可改善飼料使含黴菌量減少，或添加抗黴菌藥物；如為羽毛滯留者，可在飼料中添加額外的含硫胺基酸（如每噸飼料多加 2 公斤的甲硫胺酸），疫情有望改善。

8-12-4 圓心病

罹患圓心病 (round heart disease) 的雞會因心臟的急性問題導致猝死，有時死亡率可高達 1～4.5%。

㈠病因

確切病因不詳，可能有遺傳因素加上中毒因素，因傷害到心臟和腎臟而導致突然死亡。有使用儲存在含鋅的槽內的馬鈴薯作飼料而發生的案例，也有以硒化鈉治療圓心病後獲得療效的雞群。因此有人認為飼料中缺乏維生素 E 及硒可能與此病有關；另一個案例是飼料中添加富來頓 300～500 ppm，給飼一週左右就可能出現圓心病。

㈡症狀

通常沒有特殊症狀，會突然死亡。

㈢治療

　　由於病因尚不明瞭，通常只建議在飲水中投予維生素 A、B 群及 E，並在飼料中增加微量礦物質，可改善病情。

8-12-5 出血症候群

　　雞的惡血質導致在肌肉、內臟、骨髓等有出血的症狀。

㈠病因

　　有多種病因可導致雞有不同的出血形態：

1. 病毒性疾病（如新城雞瘟）可導致腺胃和腸淋巴組織出血、心冠狀溝脂肪及腹部脂肪組織之出血點。
2. 傳染性華氏囊病會引起胸肌、腿肌、腸道及腺胃等出現出血斑及華氏囊之出血。
3. 家禽霍亂為破壞血管性的敗血症，會在心冠狀溝及心肌產生出血點；腸道血管破裂使腸內容物呈紅巧克力色。
4. 葡萄球菌引起的敗血症，除了心冠狀溝及心肌有出血點外，有時也會引起腺胃出血。
5. 球蟲會引起小腸黏膜出現密密麻麻的出血點，不同種類的球蟲，其出血的部位也不同。
6. 住血原蟲白冠病引起的出血，是紅血球被大量破壞，使血液稀薄導致出血，可在肌肉、腸道出現出血斑；肝、脾腫大變脆易破裂，導致大量內出血而突然死亡。
7. 磺胺劑使用過量引起中毒，也有導致出現出血症候群的報告。

㈡症狀

　　除了出血症候群症狀之外，各種不同的病因都有其特殊之症狀，

不過就其外觀可分為三種形態：

1. 引起高燒，外觀上雞冠肉垂等發紺呈紫色，如新城雞瘟、家禽霍亂、葡萄球菌症等。
2. 外觀上以蒼白貧血為特徵，如球蟲病、住血原蟲白冠病，以及磺胺劑中毒等。
3. 外觀上沒有重大改變，如傳染性華氏囊病。

㈢治療

針對病因，對症處理。

8–12–6 痛風

痛風 (gout) 分為關節型 (articular form) 及內臟型 (visceral form)，常單獨或混合發生，以粉筆灰樣尿酸儲積在內臟、腱鞘、關節軟骨表面為特徵。

㈠病因

大致可歸納為三類：

1. 蛋白質攝食過量，例如肉雞的中雞、大雞一直以小雞飼料餵飼，很快就會發生腎臟腫大、尿酸增多，進而變成痛風；飼料中的蛋白質（如魚粉或黃豆粉）品質差，也有可能導致痛風。
2. 磺胺劑或抗生素的使用劑量太高或持續使用過久，傷害到腎臟，使尿酸排出不易，儲積發病。
3. 傳染病，如傳染性支氣管炎 (Infectious bronchitis, IB)、傳染性華氏囊病都會引起腎臟腫大、尿酸增加。

維生素 A 缺乏症、黴菌毒素造成的腎傷害，以及最常用來清洗腎中尿酸的小蘇打用量太高或使用太久，也都有可能導致尿酸增加。

㈡症狀

關節型會有關節腫大、走路僵硬的現象；內臟型則以白痢為主，會突然死亡，嚴重的雞群發生率可達二成。解剖病變部位，在關節滑液囊內及關節面、心包囊及心表面、肝表面、腎表面有許多粉筆灰狀的尿酸散布，腎腫大，且尿酸明顯增加。

㈢治療

以 0.1% 的小蘇打水供飲 2～3 天；也可在飲水內添加維生素 A，以改善病情。

8–12–7 籠飼蛋雞疲乏症

罹患籠飼蛋雞疲乏症 (cage layer fatigue) 的蛋雞會表現腳骨變脆、變軟；肋骨凹陷；產軟殼蛋或不產蛋等現象。

㈠病因

飼料中鈣磷不平衡，特別是鈣不足。因產蛋雞的蛋殼需鈣量高，從飼料中攝取不足，只好把自己的長骨中的鈣化成血鈣去供應蛋的形成，因此蛋雞的骨就變脆、變軟，高產蛋的雞大概持續二週左右就會死亡。

㈡症狀

以肉雞飼料餵飼產蛋高峰的蛋雞，餵飼一週左右，部分的雞就會站不起來，而顯得很沒精神；薄殼蛋、軟殼蛋的數目顯著增加，接著就會有雞隻死亡。把死亡的雞從籠子內捉出來時就有可能斷腳、斷骨。因為肉雞飼料中含鈣量只需 0.4% 即可，而蛋雞飼料卻需要含 4% 的鈣，兩者相差 10 倍。

⫶治療

立刻改正飼料中的鈣磷含量。

8-12-8 脂肪肝症候群

籠飼高產蛋、任飼的雞，攝食高熱能的飼料容易發生雞隻過胖、產蛋率下降、突然死亡的現象，此即為脂肪肝症候群 (fatty liver disease, FLD)。

㈠病因

確切病因仍未完全明朗，從野外實際觀察，高產蛋的緊迫因素、改善產蛋率的雞品種、使用高熱能的飼料，加上運動量不足減少熱能的消耗，可能是導致本症候群的原因。

㈡症狀

產蛋率明顯下降。雞隻外觀健康狀況良好，通常體重較正常增加25～30%，狀況極佳的雞可能沒有任何前兆就突然死亡。由肝破裂急性死亡的雞隻，其雞冠、肉垂、肌肉等呈現蒼白，肝包膜破裂而有大血液凝塊覆蓋肝表面及體腔內；在肝包膜下可能有小出血區，肝呈黃色油膩多脂狀，而其硬度似爛泥狀（極脆）；腹腔有大脂肪塊，腸道也被脂肪覆蓋。

㈢治療

因為本症候群之病因仍不清楚，下列處方只能改善疫情。每噸飼料添加：

1.氯化膽素 (choline chloride)：1 kg。
2.維生素 E：10,000 IU。
3.維生素 B_{12}：12 mg。
4.肌醇 (inositol)：896 g。

習　題

1. 試述啄食癖之病因及治療方法。

2. 試述蛋雞夏天為何雞冠發紺？有何對策？

3. 試述雞隻嗉囊下垂的原因。

4. 請問痛風的病因是什麼？

5. 何謂籠飼蛋雞疲乏症？

6. 何謂脂肪肝症候群？

第9章 傳染病

◆ 9-1 草食獸傳染病 ◆

9-1-1 牛流行熱

㈠病因

　　牛流行熱 (bovine ephemeral fever, BEF) 為一種非接觸性且以節肢動物為媒介，好發於牛及水牛的病毒傳染性疾病。此病的特徵為突然發熱、沉鬱、四肢僵硬及跛足。於 1912 年 Bevan 的病例紀錄，即將本病命名為流行熱。此病的發生過程短暫，故又名三日熱。牛流行熱的病毒是一種未經分類的桿狀病毒 (rhabdovirus)。

㈡症狀

　　牛流行熱發熱的形式是多變的，但一般出現高峰為 40～42 °C (104～107 °F)，間隔 12～18 小時。

　　臨床症狀包括心跳及呼吸速率加快、厭食、瘤胃臌脹、沉鬱、有漿液或黏液樣（鼻、眼分泌物）、流涎、肌肉痙攣或發抖、僵直或變成跛足。許多動物變成偃臥姿勢，持續 12～24 小時（偶爾 2～3 天），但有的可以經由適當的刺激再站起來。

㈢**診斷**

　　發病初期及單一病例診斷較困難，因而整群爆發。可在牛群中見到發病的各個時期，由臨床觀察及爆發的過程可以做診斷。

㈣**預防**

　　動物移動控制、隔離、當地檢疫及衛生學的處置都與牛流行熱的控制無關，只有注射疫苗及控制病媒蚊的數量才是有效的預防處理。南非、日本、澳洲及國內已有各種疫苗製造，但以當年新分離出來的病毒所製造的疫苗最有效。

9–1–2 牛傳染性鼻氣管炎

㈠**病因**

　　牛傳染性鼻氣管炎 (infectious bovine rhinotracheitis, IBR) 為一種牛之疱疹病毒 (herpesvirus) 的感染，主徵為呼吸道疾病，其特徵為氣管炎、鼻炎、發熱及流產。此病毒亦會引起結膜炎、傳染性陰門腔炎 (infectious pustular vulvovaginitis, IPV)、龜頭包皮炎及罕見之腦炎。此病容易傳染，且分布全球，有些牛為潛伏感染，使病毒能再度活化。

㈡**症狀**

　1.呼吸道型疾病：

　　　　IBR 的呼吸道型伴有發熱、食慾減退、呼吸加快、呼吸道及氣管有黏膿樣分泌物，而致呼吸困難、鼻翼擴大，偶見氣道部分受阻塞而致開口呼吸。

　　　　病牛常見有惡臭性鼻分泌物，早期呈清澈，之後變為黏膿樣鼻前庭及鼻鏡充血，俗稱「紅鼻子」。

2.眼結膜炎：

呼吸道型 IBR 常伴有結膜發炎，常見不出現呼吸症狀而有結膜炎，眼分泌物早期澄清然後變為黏膿樣；而偶見以角膜混濁為主徵之病變。

3.腦膜腦炎：

偶爾患有 IBR 之年輕牛會發生非化膿性腦炎，其臨床特徵為共濟失調、迴旋運動或舐腹動作，而後側躺而死。

4.傳染性陰門腔炎：

輕微型之 IPV 感染，通常無法看到病變，或僅在黏膜出現小水泡及出血點；但在嚴重時，可見到牛於排糞或排尿後因肛區發炎疼痛而不敢縮回，進一步檢查則可見到陰戶及陰道水腫及黏膿樣物，黏膜上有膿疱或斑狀塊壞死區，陰道面有一團黏膿樣物，有惡臭。

㈢診斷

典型之診斷乃根據 IBR 被描述之臨床型式來判定，如呼吸道、生殖道或眼黏膜上白色膿疱聯合至壞死的病變等，此為臨床診斷上之最佳依據。

㈣預防

一般推薦母畜在初次繁殖前接種一次或多次的疫苗，而疫苗的選擇、接種途徑及再免疫的頻度，則由獸醫依對象及農場的考慮加以評估後使用。

9-1-3 牛病毒性下痢

㈠病因

牛病毒性下痢 (bovine viral diarrhea, BVD) 由 BVD 病毒感染所引起，已遍布全球。最早在美國被證實，呈現整群爆發、急性、致命等特徵，像牛癌般會引起消化道黏膜潰瘍及下痢症狀。BVD 病毒乃是 RNA 病毒，被分類在披衣病毒科 (*Togaviridae*) 中的瘟疫病毒屬 (*Pestivirus*)。

㈡症狀

1.急性全身型 BVD：

急性全身型 BVD 主徵為發燒、白血球下降、頑固性下痢、咳嗽、呼吸急促、鼻眼分泌物增加，通常由於嚴重脫水而導致死亡。主要病灶有口腔黏膜糜爛、潰瘍、伴隨著牙齦炎及流涎。

2.溫和或徵狀不明顯 BVD：

可發現許多牛隻已逐漸出現發熱、白血球下降、咳嗽、散發性口腔黏膜剝落的症狀。由於這些病灶過小及過少，且因牛隻活動而增加口腔檢查上的困難，一般難以察覺。

3.慢性 BVD：

慢性型 BVD 由徵狀不明顯感染及非致死性臨床症狀病例轉變而來。這些病牛會呈現持續或中斷性下痢、鼻腔分泌物增加，有時可見眼分泌物由眼角前下方排出，偶爾會伴有皮膚裂開之徵。

㈢診斷

臨床上非常類似牛瘟，因此臨床診斷應包括詳細詢問新牛群引入之時間，以及是否與發生過牛瘟的地區接觸。臨床診斷失誤之第一要

素，就是沒有仔細檢查口腔糜爛的狀況。雖然嚴重感染之病牛往往沒有口腔方面病變的症狀，但在同一群外表健康之牛隻的口腔中卻可發現病變。確診則須依賴血清學及分離病毒。

㈣預防

在正常的牧場中，想維持封閉性經營來防止 BVD 病毒是不可能的，因此必須借重疫苗。疫苗必須在 6 月齡之後才能給予，以避免受初乳中移行抗體干擾的可能性。在 6 月齡前對免疫血清呈陰性反應 (seronegative) 和某些抗體力價降低的小牛施打疫苗雖然可以成功，但在大多數的情況下，此後仍須做第二次免疫接種。

9–1–4 牛瘟

㈠病因

牛瘟 (rinderpest, RP) 為一種急性或惡急性、接觸性之反芻獸（牛和水牛）及豬的病毒性疾病（豬為不顯性感染），特徵為口腔上皮及消化道黏膜呈現糜爛或壞死，以及流淚、高熱、大量下痢。

牛瘟由 RNA 病毒引起，此病毒分類於副黏液病毒科 (*Paramyxoviridae*) 之麻疹病毒屬 (*Morbillivirus*)。

㈡症狀

本病的主要症狀為：

1. 泌乳下降、缺乏食慾、口渴、反芻停滯及抑鬱。
2. 體溫上升。
3. 3～5 天內於下唇、齒齦、牙床、硬顎出現壞死及糜爛，引致大量唾液分泌及呈現受感染之呼吸症狀。
4. 5～7 天發生大量水狀、惡臭及出血性下痢，然後脫水、失重、倒下、衰弱，繼而死亡。

㈢診斷

在發生牛瘟及類似病的國家呈流行性，對於牛瘟之推定診斷，要以化學、臨床或死後檢查確診，然而有許多診斷上的症狀會因一般免疫接種而改變，或因感染牛隻的為較溫和的病毒株而改變。因此，對於牛瘟之典型描述病例十分罕見，使得野外診斷變得困難。進一步而言，其他與牛瘟類似的疾病（如 BVD、MD、IBR）在一定層次上，需用實驗室的方法來作區別診斷。如果死亡率及感染率均高，則必須懷疑起因為牛瘟，而由其他症狀來輔助區別。

㈣預防

在疫區及鄰近的非疫區，所有牛隻都需接種疫苗，且要限制動物的移動。牛瘟需以疫苗接種來克服，現在已有多種疫苗被應用，包括死毒或減毒疫苗。

9-1-5 水泡性口炎

㈠病因

水泡性口炎 (vesicular stomatitis, VS) 為馬、牛及豬的一種疾病，會於齒齦、舌、鼻鏡、冠狀帶及趾間皮膚產生水泡。

水泡性口炎由炮彈病毒科 (*Rhabdoviridae*) 之水泡病毒屬 (*Vesiculovirus*) 所引起。

㈡症狀

牛之水泡性口炎在臨床症狀上無法與口蹄疫作區分。其於唇、鼻鏡及舌頭有水泡形成或呈糜爛。常於黏膜、趾間或冠狀帶呈蒼白，或出現糜爛的水泡病變；有 1～2 天唾液增多並發熱，之後恢復常溫、水泡破裂，病變於 10～14 天回復。若有細菌或黴菌侵入，則糜爛持續更

久，但不常見。乳牛則有嚴重的乳頭病變，包括水泡及內皮細胞脫落。

㈢診斷

　　在牛，需與藍舌病等病做區別診斷，其主徵在鼻鏡或口腔可見糜爛，常見併發黴菌感染。羊感染藍舌病較牛嚴重。在感染地區的馬和牛亦會感染其他水泡性疾病，水泡性口炎可能為該病，且須考慮與口蹄疫合併感染的可能性。

㈣預防

　　請見口蹄疫部分章節。水泡性口炎無特殊療法，僅可治療皮膚及口腔病變來降低細菌的二次感染，使其恢復加快。要讓動物充分休息，並提供適宜的飲水及軟性食物。

9–1–6 口蹄疫

㈠病因

　　口蹄疫 (foot-and-mouth disease, FMD) 是一種接觸病毒性傳染病，主要是牛、豬、綿羊會發病，也可感染其他的偶蹄獸及野生動物。

　　口蹄疫病毒屬於小核糖核酸病毒群 (picornavirus group) 之一。

㈡症狀

　　典型症狀主要是口腔及四肢有水泡發生而引起流涎 (salivation) 及跛腳。無論如何，在水泡形成之前經常有明顯的發病症狀出現，諸如感覺遲鈍、缺乏食慾、不舒適、乳牛產乳量下降、發燒，有時會有發抖現象。幾小時後，嘴唇會顫抖及發出大聲音、流口水、輕微鼻分泌液、搖擺或踢腳、跛腳，也許會被注意到。在水泡形成之後，各種症狀經常表現得更明顯。

㈢診斷

　　水泡由變白的上皮所覆蓋，水泡內充滿清澈、無色或稻草色液體。水泡破裂後逐漸變為壞死、潰瘍及纖維滲出時期。偶爾呈乾燥病灶，而此病灶並不是小囊狀。當病灶並不是在上述幾個時期或型態時，則和其他疾病所產生之病灶相類似，診斷變為困難。

㈣預防

　　最有效的預防策略就是排除從口蹄疫疫區輸入動物及新鮮肉類。主要根絕的方法有下列幾種行動：

1. 迅速屠殺及處理感染口蹄疫或暴露的動物，除去最大活潑性病毒來源及避免帶毒者的可能。
2. 完成全面清除或消毒前述可能受到病毒汙染的物質。
3. 迅速開始追蹤有接觸之感染動物及有牽涉之區域，設立重複監視或調查系統。
4. 嚴格強迫設計檢疫，控制人員、家畜、動物產物及飼料移動。
5. 對動物、動物產物、物質的破壞應該賠償飼主。
6. 在消毒後 30 天測試汙染的前提下，應放置試驗動物（包括牛及豬），給予飼料及牧草，使其與可能受口蹄疫病毒汙染的物體及前述的所有部分相接觸。

9-1-7 非洲型與美洲型的惡性卡他熱

㈠病因

　　惡性卡他熱 (Malignant catarrhal fever, MCF) 聞名於世界各地，但在各地有不同的命名。在國際糧農組織之動物健康年度手冊已經列出四種公定命名：

1. 牛惡性卡他 (bovine malignant catarrh)。

2. 可利查壞疽 (coryza gangrene)。

3. 黃熱性惡性卡他 (fiebre catarrhal maligna)。

4. 牛可利查壞疽病 (coryza gangraenosa bovum)。

惡性卡他熱是因為疱疹病毒所引起。

㈡症狀

可以分成四型，但臨床顯示的症狀有相當大的重疊。四型如下：

1. 超急性型：

經常發生於小牛，有嚴重的口腔及鼻腔黏膜的炎症，出血性腸炎則有時有，有時沒有。

2. 腸型：

美洲型的惡性卡他熱，一般症狀是發熱及嚴重的口腔與鼻腔黏膜充血，鼻腔及眼分泌物與淋巴結的腫大是最常見的特徵。

3. 頭及眼型：

感染後首先出現發熱的症狀，經過 2～7 天後，可見眼及鼻分泌物隨之而來。到了末期，鼻垢結痂而引起鼻孔部分或完全阻塞，造成呼吸困難，此時病畜用口呼吸且唾液由嘴淌下。

眼睛的變化包括流淚且到後期變成化膿性，而一般特徵為結膜炎、鞏膜靜脈突出、眼瞼腫脹、角膜混濁，起先由角膜邊緣開始，慢慢地到達角膜中央，而引起部分眼瞎或完全眼瞎。

4. 輕微型：

大部分發生在實驗動物，其症狀為短暫發燒，在口腔及鼻腔黏膜會出現輕微的糜爛，通常都會恢復。

⠀⠀⠀(三)診斷

⠀⠀由於惡性卡他熱是屬於散發性、高死亡率的，潛伏期相當長，時常以超急性型發生。在初期，病毒血症可能有易變的發熱及四種症狀混合發生，故野外診斷困難，甚至可能時常不能對惡性卡他熱做診斷。觀察環境因素、妥當地準備病例或爆發歷史將極有助於診斷。

⠀⠀⠀(四)預防

⠀⠀目前尚無有效疫苗可預防。

9–1–8 裂谷熱

⠀⠀⠀(一)病因

⠀⠀裂谷熱 (Rift Valley fever, RVF) 又稱為里夫谷熱，是主發在牛、綿羊、山羊的急性熱病，由節肢動物傳染，屬於病毒性疾病。此病會導致小牛、小羊出生時的高死亡率及該種動物之高流產率。愈年輕的動物對此病愈敏感，愈易致病。尤其以出生一週內的幼畜更為敏感。人亦具高敏感性，其症狀呈急性、熱性，類似登革熱的病症。

⠀⠀裂谷熱由泛熱帶的節肢動物傳染之布尼亞病毒科 (*Bunyaviridae*) RNA 病毒所引起。

⠀⠀⠀(二)症狀

⠀⠀1.超急性型：

⠀⠀⠀⠀常見於幼年之牛、羊及寵物，具明顯的發熱反應。動物呈無力、食慾差、無法站立；出現症狀後 36 小時內死亡。

⠀⠀2.急性型：

⠀⠀⠀⠀本型於出現症狀後 48 小時內死亡。小羊及小牛的死亡率非常高；成畜則為 20～30% 之間。成羊及牛常有暫時性的發熱、食慾不振、肌無力、乳量下降、流產等情況，有時會有惡臭。

3.亞急性型：

　　　　常見於成牛及綿羊，持續發熱 24～96 小時，食慾不振、全身
　　軟弱、流產。

㈢診斷

　　此病常在節肢動物適宜繁殖的氣候環境下爆發，尤其在潮溼季
節、蚊子密度增加時。

㈣預防

　　防止動物與病畜或病毒血症動物接觸，可保護家畜免於直接接觸
裂谷熱病毒或吸入含裂谷熱病毒之空氣；且要預防其他昆蟲的生物傳
播，故需進行昆蟲控制或大區域廣泛地應用殺蟲劑。

9-1-9 赤羽病

㈠病因

　　赤羽病 (Akabane disease) 為先天性的關節彎曲與水腦症候群，是
一種由節肢動物作為媒介的病毒所引發的疾病，發生於牛、綿羊、山
羊。通常赤羽病和 A-H 症候群在名稱上是同義的，但有些研究者比較
喜歡用 A-H 症候群來稱呼，因為除了赤羽病病毒外，其他病毒也可導
致本症候群產生。先天性 A-H 症候群是由布尼亞病毒科內 Simbu
group 中的蟲媒病毒 (arbovirus) 所引起。

㈡症狀

　　先天性 A-H 症候群屬季節性，偶發的家畜流行病可導致牛、山
羊、綿羊的母畜流產、死產、早產以及胎兒或新生兒畸形。

　　中樞神經系統的病變表現於臨床的症狀是瞎眼、眼球震顫、耳聾、
感覺遲鈍、吸乳緩慢、麻痺、共濟失調。

㈢診斷

突然發生胎兒流產、木乃伊化、早產或死產的胎兒有關節彎曲和腦內積水症狀，暗示著 A-H 症候群的發生。母畜不會有臨床上感染的證據。而母畜懷孕的前 3 個月剛好是會叮咬的昆蟲肆虐期間。

㈣預防

控制病媒，要依靠破壞病媒繁殖的場所（如使用殺蟲劑）、避免把宿主動物暴露給覓食的病媒，減少病媒的族群來達成。對最終宿主的預防措施，包括使用疫苗以建立有免疫力的族群。

日本曾發展一種以福馬林不活化、使用磷酸鋁凝膠吸附的疫苗和一種減毒的疫苗來對抗赤羽病病毒。兩劑死毒疫苗可刺激牛產生高力價的中和抗體，進而防止暴露於強毒下的動物受到感染。

9-1-10 心水病

㈠病因

心水病 (heart water) 為反芻獸（羚羊、牛、鹿、山羊、綿羊、麋鹿）的一種急性傳染性（接觸性）立克次體病，特徵為發熱、神經症狀、高死亡率。此病由花蜱屬 (*Amblyomma*) 之壁蝨傳染立克次體 (*Cowdria ruminantium*) 所引起。

㈡症狀

1.超急性型：

感染動物突然發熱，體溫達 41 °C，並在數小時內達到高熱，接著呈現衰弱、痙攣及死亡。本型罕見。

2.急性型：

為常見之型，起先體溫慢慢上升達 41 °C，常於 12～24 小時

達到高峰。最初其食慾及反芻均正常，而後可見反芻停止、呈腹式呼吸、無精神狀，體溫一般維持高熱（41 ℃ 或更高）而稍具波動性；神經症狀則呈漸進式過程，包括上下顎的咀嚼運動（虛嚼）、口腔有多泡沫、連續性的舐唇動作、眼瞼與肌肉痙攣，以及下痢。

3. 亞急性型（慢性型）：

　　臨床症狀同急性型，但通常較不激烈。

4. 無臨床症狀型：

　　動物無任何臨床症狀，但受感染的動物可作為壁蝨的 *C. ruminantium* 的良好來源。

㈢**診斷**

　　心水病的暫時性野外診斷可由媒介壁蝨之出現、受感染動物的臨床症狀及解剖病變來診斷。

㈣**預防**

　　本病病原 *C. ruminantium* 非常脆弱，在宿主體外無法生存超過數小時，在一個新地區之汙染乃由壁蝨帶入。因此，小心地為動物進行藥浴及檢查皮膚有無壁蝨可預防本病。

9–1–11 結核病

㈠**病因**

　　此病是由分枝桿菌屬 *(Mycobacterium)* 細菌所引起之重要人畜共通傳染病。牛結核病在我國是法定家畜傳染病，採用「檢驗及撲殺」政策。

　　引發此病的病因主要為牛結核桿菌 (*Mycobacterium bovis*)，但亦可由結核分枝桿菌 (*M. tuberculosis*)、禽結核分枝桿菌 (*M. avium*) 和其他所謂的非典型分枝桿菌 (atypical mycobacteria) 所引起。除了結核分枝桿菌之外，其他分枝桿菌對牛的毒性較弱，多僅引起局部性病變，或呈無肉眼病變陽性反應。

⊜**症狀**

　　症狀依結核結節出現之部位和數目而定。肺臟受侵害時可能有連續乾咳和呼吸困難等肺炎症狀，尤其是氣溫變化或人為壓迫氣管時；淋巴結受到侵害則會腫脹，有時頭、頸部或腹腔（直腸檢查）淋巴結腫得很厲害，極易被觸診到；侵害消化道時，有的會呈間歇性下痢或便祕；侵害子宮則可能有化膿性乾酪樣的含血分泌物；侵害中樞神經系統可引起不全麻痺、知覺過敏及迴旋運動等運動障礙；侵害乳房會呈結節性、侷限性或瀰漫性腫脹，上乳房淋巴結腫大，而哺乳犢在出生後幾小時或幾天內即因吮乳而被感染。

⊜**診斷**

　　現在世界各國都採用信賴度較高之結核菌素試驗來找出結核病牛。惟參考牛群汙染度和結核菌素試驗之成績，血清反應法用來揭發對結核菌素試驗呈陰性之結核病牛有某些程度的效果。

　　結核菌素試驗有皮內注射法、皮下注射法、眼瞼注射法、點眼法、鼻反應、肛門反應等多種方法，我國目前依據 106 年公告修正之檢驗方法，以牛型純蛋白結核菌素（PPD 結核菌素）0.1 mL 注射於尾部皺襞皮內注射法為原則，而必要時得行皮下注射法或頸側皮內注射法。

　　皮內注射法之判定，是在注射後 72 ± 6 小時同時以視診及觸診進行判定，注射部位出現任何腫脹都屬陽性反應，腫脹可呈現硬結或瀰漫性。檢驗呈陽性的牛所在之牧場如符合下列三個條件：

1.前二年不曾出現牛結核病呈陽性的牛隻。

2.前二年不曾購入新牛隻。

3.該牧場在該次檢驗呈陽性的牛隻數量在 5 頭以內（包含 5 頭）。

則該牛隻需在一週內用牛型及鳥型兩種結核菌素，以皮內注射的方式進行複驗，待 72 ± 6 小時後再從其反應判定是否確實呈陽性；若疑似為陽性，則該牛隻需在 3 個月後重新再複驗一次，確認其判定結果。

㈣預防

目前我國每年實施一次結核菌素試驗，對象為 3 月齡以上之乳牛（2 月齡仔牛通常無反應）。陽性牛於後腿側烙上 TB 記號，經確診後進行人道處置，同場之所有牛隻移動須受管制。縣市政府於一週內對撲殺的病牛辦理評價，核發評價五分之三以內的補償費。疑似陽性牛通知隔離飼養，且禁止移動，於一個月後通知複檢，複檢仍為疑陽性或轉為陽性者判為陽性牛。凡有陽性牛之汙染牧場每 3 個月檢驗一次，採頸側皮內注射，經連續 3 次複檢至所有牛隻均呈陰性，始得恢復為一般之定期檢驗。

9–1–12 綿羊癢病

綿羊癢病 (scrapie) 是綿羊、也可能是山羊的神經性疾病，通常發生在 2 歲以上的綿羊。在 18 月齡以下的綿羊中，很少能見到症狀，這是因為此病的潛伏期很長，在 18 個月至 3 年之間，甚至更長。

㈠病因

此病的病原是普恩蛋白 (prion)，藉汙染的牧地而傳播。但是羔羊在出生前，也能自母綿羊和受傳染的公綿羊感染此病。

㈡症狀

此病的症狀發生緩慢。一隻受傳染的綿羊，起初變得比平常更容易受刺激。輕微地顫抖擴大越過頭和頸，產生略微迅速的點頭運動。癢感常常變得很強烈，以致病羊不能正常地休息或進食。當病羊自行摩擦身體時，會用舌作出舐吮運動，且有磨牙行為。沒有疹出現。

病羊的體溫始終正常；食慾雖好，但是孱弱和健康衰退的程度使病羊在疾病後期，不能站立。在後期以前，病羊的步伐不正常。當進行對角線快步時，前肢有高踏步動作而後肢有急馳運動。痙攣可能發生，且後軀可能麻痺。症狀通常歷時 6 週至 6 個月，患病的綿羊最終通常會死亡，然而也有完全康復的病例。在剛受到傳染的綿羊群中，有 20～30% 的綿羊被侵襲。此病在某一地區可以發展得很嚴重，使羊群中有高達 50% 的綿羊受侵襲；也可能在數年之內僅有零星病例偶然發生。

㈢控制

此病沒有預防或治療的方法。因潛伏期長，控制非常困難。此病可在羊群中潛伏甚久，而飼主尚不知道。唯一的控制方法是屠殺、掩埋或焚毀顯現症狀的羊隻；屠宰已暴露的羊隻供肉用；清洗並且消毒場所；建立羊群的完整歷史，並長期檢查可能已受本病傳染的羊群。

受傳染的場所和交通工具可配製消毒溶液進行消毒，配法如下：

1. 如為 2% 的氫氧化鈉（鹼）溶液，可將 13 兩氫氧化鈉加入 5 加侖水中製備。

2. 如為 4% 的碳酸鈉溶液，可將 1 磅的碳酸鈉加入 3 加侖的水中；或將 13 兩半的碳酸鈉加入 1 加侖的水中製備。

㈣撲滅綿羊癢病運動

美國農業部設立了一個六點計畫以撲滅綿羊癢病。要點為：

1. 立即報告可疑病例。
2. 診斷本病。
3. 隔離檢疫。
4. 補償損失。
5. 處置已受傳染和被暴露的綿羊。
6. 綿羊羊群歷史和檢查。

補償金的支付，和布氏桿菌病撲滅計畫相似。

9-1-13 藍舌病

藍舌病 (blue tongue) 是綿羊的一種傳染病，病原是病毒。此病最先在美國被認定，在此之前，已在南非和巴勒斯坦發生多年，且在南非造成嚴重損失。藍舌病可藉昆蟲的叮咬而傳播，也可經由接種而傳播；直接接觸則不能傳播本病。

㈠症狀

最初的症狀是食慾喪失、精神不振和發熱，體溫升高至 41.7 ℃。在極少日內，口部（包括舌和鼻的內側）發炎，有唾液和泡沫自口流出。

在某些病例中，病羊呼吸用力。口部和舌變為藍色，此病因此被命名為藍舌病。鼻常有分泌物，在上唇形成似殼的一層。發熱消退後，圍繞足的冠狀帶常常變紅而痛，非常顯著，並有跛足的情況。本病的急性階段歷時 5～10 日，至完全康復需要數週。受傳染的綿羊，死亡率約為 10%。

㈡**預防**

醫藥治療毫無用處。受傳染的綿羊，應該盡可能和健康的綿羊隔離，以保護健康的綿羊。

9-1-14 綿羊、山羊傳染性溼疹

此病是綿羊和山羊非常容易傳染的疾病，病原是一種痘病毒，常發生在圈飼的羔羊；被肥育供出售用的羔羊也會發生；有時也會在牧區和農作區的羊群中發生。一歲以上的羊隻，極少受侵襲。

㈠**症狀**

若羔羊被輸送到圈飼的羊欄時得到此病，症狀通常在羔羊到達後7～10日之間出現。最初的症狀是唇、牙齦或舌的紅腫，並有小的水泡。水泡破裂後會留下沒有皮面的潰瘍，很容易出血，之後被一層灰棕色的痂覆蓋。

病羔羊在3～4週內康復，痂脫落。因患此病而死亡的病例很少，但有時會因次發性疾病造成損失。這些次發性疾病的發生，是由於其他的致病細菌，經由未癒合的潰瘍進入體內所引起的。在美國的某些地區，螺旋蟲會侵擾溼疹的傷口。溼疹會使羊隻不能正常採食而無法正常增重，導致飼主在經濟上的損失。

此病發生在母綿羊身上可能造成的結果，是乳房因受感染而形成硬塊，常有細菌感染時就易形成乳房炎，母羊因疼痛而不准羔羊吮乳，使羔羊因缺乳而變得虛弱。

㈡**預防**

疫苗接種幾乎可以達到完全預防的目的。疫苗的接種方式和接種

雞痘的方式相同，要將皮膚抓破。抓破的地方，是在尾的腹面或大腿的內側面。

　　在此病流行的牧區，羔羊通常在去勢、截尾或做耳號的時候，進行疫苗接種，免疫力可持續數個月至 2 年，或更為長久。

　　被運送到羊圈飼養的綿羊，應至少在運送前 10 日進行疫苗接種。疫苗接種後所形成的痂就如同疾病本身所形成的痂一樣含有病毒，因此要一直等到痂脫落且完全癒合後才可運送，以免將本病傳播到旅途上所遇到的易感染羊隻。

9-1-15 腸毒素症

　　這是羔羊的一種急性病，主要發生於羔羊在羊欄內，被飼以營養良好的飼糧時。病原是梭狀桿菌屬的細菌，廣泛分布在土壤中，在羊欄內也很多。已知這種細菌有六型，每一型所產生的毒素各不相同。在美國最多的是 D 型，它也會引起一種被稱為「進食過多病」的病。

㈠症狀

　　此病的存在，是在找尋羊隻突然死亡的死因時認定的。病羊常有痙攣，但健康情況很好。死後剖檢，發現肺臟、瘤胃和真胃有水腫；消化道內有大量食物；腎臟由於死後迅速腐敗，而呈髓樣。

㈡預防

　　此病能藉減少飼料而獲得控制，但這種做法不經濟，故普遍應用類毒素作預防性接種。

9-1-16 綿羊桿菌性血紅素尿

此急性病是由一種稱為溶血梭菌 (*Clostridium hemolyticum*) 的厭氧菌所引起。這種細菌只在動物體內增殖，但可在土壤或患此病而死的綿羊骨中，生存一段較長的時間。

此病最顯著的特徵，是尿呈紅棕色，尿排出時有泡沫。在未接受治療的羔羊中，死亡率約為 95%。可在患病初始時，用大量的青黴素或其他抗生素防止死亡。如為貴重的羔羊，可以採取輸血的措施。若此病一再發生，可接種菌苗作預防性的保護。

9-1-17 李氏桿菌病

此病也稱為迴旋病和綿羊腦炎，是一種強力的致死疾病，會侵襲綿羊、山羊、牛及豬。這是由一種侵襲腦的細菌 (*Listeria monocytogenes*) 所引起的，但這種細菌的傳播途徑，目前還不清楚。多數病例在晚秋和冬季發生。在成年綿羊中，常有患此病者；但在春季出生的羔羊，僅有 6 週齡者，也可能受到此病侵襲。

㈠症狀

此病最初的症狀是遲鈍，病羊有獨自遊蕩和漠視飼料的傾向。患病的綿羊，有時可能將乾草啣在口中長達數小時之久；頭常偏向一側，往下拉向身體，如果頭被推向正常的姿勢，在放鬆以後，又恢復原狀。

大多數病羊，常會向左或向右朝著同一方向旋轉行走。如果碰上圍籬或其他障礙物，不會換一個方向旋轉，只是將頭靠在障礙物上，無限期地站立不動。下唇或一耳，常為麻痺；在死亡以前，常有全身麻痺。

患此病的母牛，具有類似酮症的症狀，會出現野蠻或企求的臉部表情和發狂的行為。這兩種病之間的差異，是患酮症的母牛不常旋轉行走；而患李氏桿菌病的母牛呼吸的時候，沒有丙酮的氣味。

在母綿羊中，迴旋病有時會被誤認為是酸中毒。這兩種病之間，也有差異。在這兩種病的個別患者中，頭都會轉向一側，但是患酸中毒的綿羊，牠們的頭部姿勢被矯正後不會再恢復歪曲；下唇和一耳也沒有麻痺。

㈡治療

本病的死亡率，通常被認為是近乎 100%，但也有應用氨苯磺胺、金黴素、青黴素而獲得治癒的報告。為了求得有效的結果，藥物必須在病程初期給予。

習　題

1.請說明牛流行熱的症狀。

2.請說明牛傳染性鼻氣管炎的各類型臨床症狀。

3.請說明牛流行熱、傳染性鼻氣管炎及牛病毒性下痢的預防方法。

4.請分析牛瘟、水泡性口炎及口蹄疫的臨床症狀。

5.請列舉常見草食獸之昆蟲媒介傳染病。

6.請說明我國目前對家畜結核病的預防方法。

◆ 9-2　豬傳染病 ◆

9-2-1 細菌性傳染病

㈠豬丹毒

1.病因：

　　豬丹毒 (swine erysipelas) 是由豬丹毒菌 (*Erysipelothrix rhusiopathiae*) 所引起豬的急性敗血性或慢性關節炎的傳染病。

2.病原菌：

　　豬丹毒菌為一種細長桿菌，長 0.5～2.4 μm、寬 0.2～0.5 μm，在病畜體內常呈單獨桿菌，但在培養基內發育即成為鏈鎖狀、長絲狀或曲狀等，易於變形。

　　本菌無運動性、無芽孢及莢膜、革蘭氏染色為陽性（但弱毒菌株為陰性）；瓊脂平板培養的菌落為微細露滴扁平圓形，並不能增大發育。最大特徵為在瓊脂穿刺培養的發育情形，即沿著穿刺線見有側枝刷毛狀的發育（微需氧性菌）。

3.發生地點與時間：

　　發生於世界各地，會在地方上流行，為國內常見的一種傳染病；多發生於春夏兩季，晚秋與冬季則發生較少。

4.感染動物：

　　出生後第 3～9 個月的肥豬及年輕種豬最易被感染；對哺乳豬亦有感染性，但較少；1 年以上的成豬較少見。綿羊亦會因感染

本菌而引起關節炎。火雞及人也可能受感染（人因解剖病豬或處理魚類等，病菌自創傷侵入體內，引起類丹毒皮膚炎病徵）；試驗動物以小白鼠及鴿最富感染性，故常應用於人工接種。診斷此病可以應用繼代、通過鴿子提高毒力，但家兔及天竺鼠則有抵抗力。

5. 感染途徑：

⑴消化道感染：為最普遍的感染途徑。因採食病豬的排泄物、被汙染的飼料及飲水等而感染，病菌亦常存於恢復豬及健康帶菌豬的扁桃腺內，成為傳染源。當帶菌豬抵抗力減弱（例如運輸疲勞）及繼發他病時易引發本病。最近研究在海水魚體表黏液中亦有本菌寄生，故有藉魚粉傳播之可能。

⑵皮膚創傷感染：豬的皮膚創傷感染致病較少，但人以此為主要感染途徑。

6. 潛伏期：

　　3～5 日，偶有 7 日。

7. 症狀：

　　由於本病菌的毒力及病畜抵抗力的不同，而症狀有異，普遍分為下列三型：

⑴急性型或敗血症型：一經發生便在 1～3 天內死亡，致死率為 60～80%。病豬會突然發高燒（41～42 ℃，間有 43 ℃）、食慾廢絕、結膜充血。皮膚在病初發生大小不同的淡紅色紅斑，而後變為紫紅色，由指壓易褪色且無熱痛；重症者全身輕癱，繼而心肺衰竭，呼吸困難而斃死。皮膚的好發部位為下腹部、內股部、頸部及耳根部等處。

⑵蕁麻疹型或菱形型：由毒力較弱的菌株所引起。病原菌在皮膚形成血栓，使該部皮膚微凸紅腫，形成所謂的蕁麻疹。國內的

豬丹毒以此型較多。病豬有體溫上升 (40～41.5 °C)、食慾減退的症狀；患病經過半日至二日後，體表發生蕁麻疹，常發於頸上部、肩外股部、臀部、胸部及腹部等處。

初期丘疹為淡赤色，次為暗赤色，間有紫赤色，有明顯的扁平丘疹，為不整齊矩形及菱形，各有不同；丘疹有 2～4 cm 大，間有 1 cm 以下的小疹散發皮膚面，後乾變為褐色痂皮脫落。本型如未併發其他疾病者，概於 5～10 日後恢復；併發敗血症型者則會致死。

(3)慢性型：耐過以上兩型之病豬，往往演變成慢性病，以慢性心內膜炎及關節炎為其特徵。心內膜炎之病徵為食慾不振、缺活潑、咳嗽、呼吸淺速、四肢浮腫、黏膜青紫、消瘦，半個月至一個月內多斃死；關節炎之病徵為四肢關節腫脹熱痛、四肢硬直或變形，感染豬隻可因運動障礙、食慾減退而消瘦。綿羊的丹毒病，概僅有多發性關節炎的症狀。

8.經過及預後：

急性型為 2～5 日，亦有 8 日左右死亡的病例，致死率為 60～80％；蕁麻疹型多在 8～12 日後恢復，但重症者因營養衰減而移至慢性型，致死率為 1～2％；慢性型數星期後多死亡。

9.剖檢變狀：

(1)急性型：體表皮膚及耳翼可見發紺病變；胃黏膜腫脹充血；脾腫；腎混濁腫脹且腎皮質有小出血點；肺水腫及淋巴腺急性腫大等。

(2)蕁麻疹型：發疹部皮膚腫脹增厚，皮下充、出血，後期則見壞死病變。

(3)慢性型：通常侵害左心的僧帽瓣，呈疣性心內膜炎，房室孔閉

鎖不全；慢性關節炎；關節被膜變厚，有肉芽組織增生及軟骨表面糜爛等病症；見有扁桃腺小潰瘍。

10.診斷：

　　蕁麻疹型者易於診斷，但其他病型者，須由細菌的檢查才可以確實診斷。

⑴鏡檢：蕁麻疹型者，穿刺發疹滲出液（選新紅斑部）後用革蘭氏染色鏡檢查細菌則可；急性型者，選屍體的血液或脾臟檢查之；慢性型者，選關節囊液檢查。

⑵培養：本菌經過血清瓊脂培養至 24 小時後，可以看出露滴狀菌落，如果培養至 48 小時則更清楚。因急性敗血症而死亡者，得自血液及脾臟培養本菌；慢性型者，自心內膜的纖維素凝塊或潰瘍病變分離本菌。

⑶動物試驗：將上劑檢查材料接種於小白鼠及鴿子的皮下（以生理食鹽水作成乳劑），如為豬丹毒菌者，經過 3～5 日後發病死亡，可自其心血及臟器分離本菌體。

⑷凝集反應：適於慢性型（關節炎、心內膜炎）的診斷，其凝集價達至 × 1,600 以上者為陽性。

11.預防：

⑴trypaflavine 弱毒（減毒）活菌菌苗：日人近藤、杉村兩氏發現，將本菌繼代培養於加 trypaflavine 之瓊脂培養基，可以減低毒力，因此以此菌株製造減毒活菌苗。國內目前都採用此種菌苗，效果佳，注射後 7 天就有免疫效果，且能持續半年至一年。菌苗在 0～10 ℃ 可保存一個半月。對 40 kg 以下豬隻每次施打劑量 1～2 mL；40～75 kg 者 2～3 mL；75 kg 以上者 3～5 mL，均為皮下注射。

　⑵豬丹毒血清：為緊急預防用，對小豬每次施打劑量 5～10 mL；
　　中豬 10～20 mL；大豬 20～40 mL，均為皮下注射。目前大都
　　不用此血清作預防。

　⑶有疫情時可在飼料中添加青黴素或安匹西林，預防健康豬隻感
　　染豬丹毒菌。

12.治療：

　⑴免疫血清：治療劑量比預防劑量多一倍，早期應用於急性型者，
　　很有效。

　⑵化學療法：青黴素最有效，劑量為每公斤體重注射 30,000～
　　50,000 IU，然近年來抗青黴素菌株常見，安匹西林較為有效。

㈡豬沙門氏菌症

　1.病性：

　　　豬沙門氏菌症 (salmonellosis) 是由豬沙門氏菌所引起的豬急
　性或慢性傳染病，常爆發敗血症、急性腸炎或慢性腸炎等，好發
　於 10～16 週齡之豬隻。

　2.病因：

　　　國內的豬沙門氏菌症主要病原體是由 *S. choleraesuis* 所引起
　的敗血症和急性腸炎。這些桿菌均有運動性，革蘭氏染色為陰性，
　無莢膜及芽孢。在普通培養基的發育良好；XLD 培養基的平板發
　育菌落則呈粉紅色，因此可與大腸菌鑑別。

　3.發生：

　　　世界各地皆有發生，國內至今仍常有散發或爆發病例。慢性
　腸炎型因常與豬瘟混合感染而使病症惡化。近年來雖豬瘟漸減
　少，但此病仍常發生，故成為養豬業的一大威脅。

　　出生後 2～3 個月的小豬最易感染此病，哺乳豬亦偶爾感染，6 個月以上的豬較有抵抗力。

4.感染動物：

　　此病專發於豬，間或感染牛及綿羊，而有敗血症、流產及腸炎等症狀。犬、狐、貓及雪貂等肉食獸亦有感受性。人被感染結果常呈現食物中毒等症狀。試驗動物中，以小白鼠及家兔最有感受性，鴿及天竺鼠則缺乏感受性，將少量之細菌接種於家兔皮下之後，則其發生敗血症而後死亡。

5.感染方法：

　　多為消化道感染，即因攝取病豬或帶菌母豬的排泄物、被汙染食物及土壤而感染。其他尚有帶菌豬因本身抵抗力減弱或發生其他病之後感染的情況。

6.潛伏期：

　　自 24 小時至數星期不等，要視動物抵抗力及感染病菌量之多寡而定。

7.症狀：

⑴急性型：肉豬多見，主徵為敗血症狀；體溫忽然上升到 41～42 ℃；食慾廢絕、嘔吐及下痢，繼而發生呼吸困難、衄血；步行跛蹌；痙攣；黏膜青紫。在耳鼻端、內股部下腹部皮膚呈暗紫色，以紫斑為主徵。病發後 1～5 日內斃死。

⑵亞急性型：熱候弛張，有下痢便，淡黃或暗綠，偶混血液；食慾不振；慢性肺炎；結膜炎；漸瘦衰弱；有時皮膚面呈赤斑且生有結痂性皮疹。多於 10～14 日後斃死。

⑶慢性型：豬患本型最多，即見有惡臭下痢，淡黃、黃褐、暗綠色間混合血液；食慾逐漸減退而至廢絕；體溫稽留於 40～

41 ℃，5〜14 日間，口渴，間無發熱。結膜潮紅腫脹，分泌黏液或膿性物；慢性肺炎；逐漸消瘦衰弱，至臨死時常見皮膚有紫斑。經過 3〜5 星期後，大部分死亡。大部分的病成豬見有一時性發熱（40 ℃ 左右）及輕度下痢而後自癒者，惟多屬帶菌者而成為傳染源，應注意之。本型病豬常與豬瘟混合感染。

8. 剖檢變狀：

(1) 急性型：有敗血症的病變，即肝臟腫大，可見細針頭大的白色壞死點；腎臟混濁腫脹及其皮質密發出血點、膀胱黏膜出血、胃黏膜出血、盲腸及結腸膜充出血、心內外膜出血、心囊內積留多量液體、各部淋巴腺腫脹等。

(2) 亞急性型：與急性型大同小異，但結腸黏膜有凝固性物質及狄扶的亞里性偽膜附著。

(3) 慢性型：主要病變位置侷限於消化道及腸繫膜淋巴腺，即盲腸及結腸黏膜肥厚，各處並見有潰瘍及狄扶的亞里性偽膜。該潰瘍即為此病的特徵，有圓形鈕扣狀、類圓形或不正形，大小自大豆至鵝卵大，且自黏膜面隆起，邊緣呈提狀。潰瘍面見有灰白色、黃褐色或暗褐色的脆附著物。腸繫膜淋巴腺腫脹大如蠶豆，且呈索珠狀，實質有灰白色或灰黃色病灶。

9. 診斷：

　　此病與其他主要豬傳染病的類症鑑別法列表如表 9-1，最確實的診斷須靠細菌及培養檢查和血清反應。

▶ 表 9-1　豬沙門氏菌症與其他主要豬傳染病的類症鑑別法

<table>
<tr><th colspan="2">項目</th><th>豬瘟</th><th>豬丹毒</th><th>豬沙門氏菌症</th></tr>
<tr><td colspan="2">病原體</td><td>濾過性病毒</td><td>豬丹毒桿菌</td><td>*S. choleraesuis*</td></tr>
<tr><td colspan="2">流行</td><td>流行</td><td>流行或散發</td><td>流行或散發</td></tr>
<tr><td rowspan="8">臨床診斷</td><td>體溫</td><td>40～42 °C
臨死下降</td><td>41～42 °C</td><td>40～42 °C</td></tr>
<tr><td>皮膚</td><td>暗紫赤色出血</td><td>紅斑充血</td><td>暗紅斑</td></tr>
<tr><td>呼吸</td><td>混合傳染時呼吸困難</td><td>呼吸淺速</td><td>呼吸急迫</td></tr>
<tr><td>食慾</td><td>廢絕、便祕</td><td>廢絕、便祕</td><td>食慾不振</td></tr>
<tr><td>糞</td><td>下痢（惡臭）</td><td>無</td><td>下痢（惡臭）</td></tr>
<tr><td>黏膜</td><td>結膜炎</td><td>結膜炎</td><td>黏膜暗紫色</td></tr>
<tr><td>結膜</td><td>結膜充血</td><td>結膜暗紅色</td><td>無</td></tr>
<tr><td>步樣</td><td>跛蹌、後軀麻痺</td><td>步行不穩、關節炎</td><td>跛蹌</td></tr>
<tr><td rowspan="6">剖檢變狀</td><td>皮膚</td><td>紫斑出血</td><td>充血性紅斑</td><td>發紺</td></tr>
<tr><td>皮下</td><td>無</td><td>扁平丘疹</td><td>無</td></tr>
<tr><td>淋巴腺</td><td>周邊出血</td><td>腫脹</td><td>腫脹</td></tr>
<tr><td>肺臟</td><td>二次性感染肺炎</td><td>無</td><td>間質性肺炎</td></tr>
<tr><td>肝脾</td><td>無</td><td>腫脹</td><td>腫脹</td></tr>
<tr><td>其他</td><td>腎皮質出血點，大腸黏膜釦狀潰瘍</td><td>腎點狀出血</td><td>膽囊潰瘍、腸黏膜腫充血、不正形潰瘍（慢性腸炎）</td></tr>
<tr><td colspan="2">動物試驗</td><td>接種健豬</td><td>接種鴿、小白鼠</td><td>接種小白鼠、家兔</td></tr>
<tr><td colspan="2">血清檢查</td><td>END 法中和試驗</td><td>沉降反應</td><td>凝集反應</td></tr>
<tr><td colspan="2">血液變狀</td><td>白血球減少中性球左轉</td><td>白血球減少後增加中性球左轉</td><td>無</td></tr>
<tr><td colspan="2">病原體特性</td><td>濾過性病毒</td><td>G (+) 無運動性、無芽孢、無胞膜、菌落微細扁平、微需氧性菌</td><td>G (−) 有鞭毛可運動，沒有莢膜及芽孢</td></tr>
</table>

⑴培養：取腸繫膜淋巴腺、脾及肝等病變部位培養於 XLD 培養基或遠藤培養基。經過分離培養後用菌體凝集反應定其菌群，然後再進行鞭毛凝集反應，分別確定抗原後，才可以決定本菌種。或在病初自病豬耳靜脈採血（病豬初期血中細菌較多，易

於培養）1～2 mL，然後混合在 5～10 mL 膽汁培養基或肉浸湯培養基內，增菌培養 1～2 日，再用上述方法經過分離培養及凝集反應後決定本菌種。用病豬或帶菌豬的糞便亦能分離培養。

(2)凝集反應：健康豬的血清凝集價僅為 ×10～20；病豬的血清凝集價為 ×40～80 以上，藉此可檢驗出潛伏期的病豬。

10.預防：

注意一般管制以外，雖有死菌菌苗，但效力不確實。

11.治療：

(1)對症療法：給予腸內殺菌劑、呋喃劑及收斂劑等。

(2)化學療法：

①磺胺劑：

內服：sulfaguanidine、sulfasuxidine；注射：sulfamethazine、sulfamerazine、sulfamethoxy pyridazine、sodium sulfamonomethoxine。

②抗生素❶：

內服：水溶性土黴素及金黴素；注射：氯黴素、土黴素、青黴素、鏈黴素。

(三)大腸桿菌性仔豬下痢症

本病在本書豬普通病 (p. 134) 中詳述。

(四)多發性漿膜炎

多發性漿膜炎 (polyserositis) 是由鏈球菌及嗜血桿菌引起豬的肺纖維素性胸膜炎、腹膜炎、關節炎及化膿性腦膜炎，亦稱為多發性漿膜炎的一種病症。其實本菌為豬氣道之常在菌，多受繼發性的自身感染而發病。

---

❶本菌抗藥性甚強，宜配合抗生素敏感性試驗，以配合治療上之需求。

　　由嗜血桿菌 (*H. parasuis*) 引起的疾病又名格拉氏病 (Glasser's disease)。其為 G (–) 短桿菌且為多型性的型態變化。由病毒性流行性感冒或細菌性疾病之後的二次感染發病較多。

1.病因：

　　　易發生於疲勞、緊迫情況（如急驟的氣候變化、離乳及移動），尤其是在舍內密飼的保育豬及肥育豬。

2.症狀：

　⑴肺炎型：會突然散發、發燒至 39.5～40 °C、倦怠、食慾不振、呼吸困難、犬坐姿勢、耳水腫、眼瞼水腫、皮膚紫斑等。此病多見於 2 週至 2 月齡幼豬（尤其是 5～8 週齡）。

　⑵關節炎型：關節腫大和疼痛。

　⑶腦膜腦炎型：肌肉震顫、共濟失調和側臥等神經症狀。

3.剖檢變狀：

　　　可見化膿性腦膜炎及纖維素性之心包炎、腹膜炎及關節炎等多發性漿膜炎病症。

4.診斷：

　　　需要類症鑑別菌種，有敗血症菌（鏈球菌、豬丹毒菌、大腸桿菌）、豬流行性肺炎菌 (*Mycoplasma hyopneumoniae*) 以及假性狂犬病病毒，需從流行病學、微生物學及組織病理學各方面詳查診斷之。

5.治療：

　⑴使用 chloramphenicol、安匹西林最有效。

　⑵cotrimoxazol 、 erythromycin 、 kanamycin 、 tetracycline 、 neomycin、sulfonamides，furan 衍化物次之。

　⑶並由加強管理、減少緊迫等因子著手。

㈤豬放線桿菌胸膜肺炎

1.病因：

　　由胸膜肺炎放線桿菌 (*A. pleuropneumoniae*) 引起的疾病稱為纖維素性胸膜肺炎。本菌在血液培養基的發育呈 β 溶血性，具有莢膜及外毒素。本菌可因為葡萄球菌所產生的 V 因子利用而發育良好，呈衛星現象。

　　目前世界共有 12 個血清型，而臺灣已流行且比較嚴重者為第 1、2、5 型。

2.症狀：

⑴甚急性型：病程僅在 24～36 小時以內即死亡者。會突發高熱至 41.5 ℃。食慾廢絕、嘔吐、因呼吸困難（急促或深沉）而開口呼吸，不久從口鼻流出泡沫並帶有黏液血樣分泌物。全身皮膚發紺，尤其是腹部、肢端及耳翼等部位。

⑵急性型：會發燒至 40.5～41 ℃。抑鬱、食慾廢絕、嚴重呼吸困難而開口呼吸、咳嗽等。

⑶亞急性型或慢性型：體溫轉為微熱或正常，會持續或偶爾咳嗽，其他和豬流行性肺炎 (swine enzootic pneumonia, SEP) 同時感染者症狀更為激烈。慢性型生長遲緩及消瘦。

3.剖檢變狀：

⑴甚急性型：肺呈纖維素性胸膜肺炎，肺炎區腫脹、堅實、切面出血、壞死及纖維素病灶。同時為雙側性或為單側性，尤其是心葉、尖葉及膈葉部位很明顯。

⑵急性型：肺炎病灶為粗粒狀，出血性及壞死性病變，表面有纖維素附著。氣管及支氣管充滿著泡沫血染黏液狀分泌物。

⑶慢性型：肺炎區呈大小不同的胸膜炎樣膿瘍及纖維素性黏連。

4.診斷：

　　症狀為散發性的突發病。可以從病灶氣管、鼻腔分泌物以及肺病灶分離本細菌。為 G (−) 球桿菌。

5.治療：

⑴隔離。

⑵化學療法：可以肌肉注射 carbenicillin，其他如 doxycycline、nalidixic acid、tetracycline、chloramphenicol 等亦可以應用。近年來由於抗藥性菌株出現，宜配合抗生素敏感試驗以決定投藥方式和種類。

6.預防：

⑴其他同豬舍內的豬，其飼料中可以添加敏感的抗生素，2 週可以預防之。

⑵對病豬注射 chloramphenicol 和安匹西林。

⑶菌苗注射：死菌菌苗的安全性高，有水性及油性兩種。肉豬依本病之菌型及流行型態而決定之，一般在 3 及 5 週或 5 及 7 週各注射一次。

⑷加強衛生管理：對豬舍和豬體實施陽性 1,200 倍液的噴霧，每週 2～3 次。飼養勿密飼，勿使緊迫發生。舍內通風、乾淨等。

㈥豬流行性肺炎

1.病性：

　　此病是由一種黴漿菌 (*Mycoplasma hyopneumoniae*) 引起的豬慢性呼吸道傳染病，以慢性肺炎、間歇性乾性咳嗽為其特徵。

2.病因：

　　Mycoplasma hyopneumoniae 為多型性菌，培養極為困難，只對豬有病原性。培養在血清瓊脂培養基時，會形成透明圓形菌落。

3.發生：

　　1933 年首先在歐洲被發現（瑞典即簡稱之為 SEP），現在世界各地皆會發生。

4.潛伏期：

　　1～2 週。

5.感染方法：

　　呼吸道傳染為主。

6.症狀：

　　此病常併發細菌性，故其病狀亦多不一致。一般症狀不顯著，僅有輕度發燒及強直性乾咳、食慾稍減及發育障礙等。根據報告，同樣飼養 65 日，感染病豬的體重和健康豬相差達 17.25 公斤，即表示此病為慢性疾病，若有併發二次感染病時病情會更加重。

7.診斷：

　　此病與細菌性、寄生蟲性、病毒性及黴漿菌性肺炎之類症鑑別要點述之如表 9–2。

▶ 表 9–2　豬流行性肺炎與其他類症鑑別要點

病別	病名	病原體	主要症狀	治療
細菌性肺炎	格拉氏病	*Haemophilus*	幼豬最易感染，症狀為發燒、運動及神經障礙等	抗生素
寄生蟲性肺炎	弓蟲性肺炎	*Toxoplasma*	呼吸困難，仔豬即為急性、成豬即為慢性經過	磺胺劑、pyrimethamine
	豬肺蟲性肺炎	豬肺蟲	乾咳	dithiazanine
病毒性肺炎	豬流行性感冒	swine influenza virus	為急性流行性肺炎，冬天發生多。症狀為發燒、食慾減退、身體衰弱	無
黴漿菌性肺炎	豬流行性肺炎	*Mycoplasma*	微熱、乾咳	tylosin, spiramycin

8.預防：

　　注重一般管制，尚未有免疫方法。泰農、林可黴素 (lincomycin)、tiamulin 的應用有預防之效。

9.治療：

　⑴化學療法：應用磺胺劑及抗生素等僅能抑制二次感染菌之繁 殖，使病症改善。

　⑵疫苗接種：目前有市售疫苗可用。於仔豬 3 及 5 週齡施打。

㈦豬萎縮性鼻炎

1.病性：

　　豬萎縮性鼻炎 (atrophic rhinitis, A.R.) 是由 *Pasteurella multocida* 產毒株及 *Bordetella bronchiseptica* 引起的豬鼻腔黏膜 之慢性炎症結果，以鼻甲介骨及上顎骨萎縮、歪鼻為特徵。

2.病因：

　⑴ *Pasteurella multocida* 產毒株。

　⑵ *Bordetella bronchiseptica*，為 G (−) 桿菌，具有運動性。

3.發生：

　　最初於 1830 年在德國發生，至今全球各地皆有發生的案例。 因為慢性感染導致病豬成長緩慢，因此衛生支出費用增多，損害 很大。在美國估計有 40～50% 的豬受到此病感染。

4.感染動物：

　　豬、家兔、天竺鼠會發生萎縮性鼻炎、支氣管肺炎或鼻炎。

5.感染方法：

　　病豬鼻汁飛沫，或鼻端的直接或間接感染。

6.潛伏期：

　　人工接種 10 日。

7.症狀：

⑴哺乳豬及幼豬的傳染力極強，罹病率也很高，但致死率卻低。

⑵ 6～8 週齡以後的幼豬症狀較輕微。

⑶ 4 月齡以上的豬較有抵抗力。

⑷成豬不易感染。

⑸病初見有噴嚏，鼻孔排出黏液性膿汁或鼻出血。又因眼淚而在眼睛內下方附有黃黑色斑點。

⑹病勢漸漸嚴重後，見有頭蓋、顏面和鼻側腫脹、歪鼻及鼻出血。

⑺併發肺炎和豬流行性肺炎等。

8.剖檢變化：

⑴鼻甲介骨的萎縮，其萎縮病況以下鼻甲骨最嚴重，次之為上鼻甲骨及篩骨。

⑵急性鼻卡他。

9.診斷：

⑴可以從罹患豬年齡的流行學及特異歪鼻、鼻腔排出的膿汁或出血等症狀診斷之。

⑵細菌培養：從鼻腔採取之棉棒試料，塗抹於 1% 葡萄糖加 DHL 瓊脂培養基內培養 2 日，或以血液培養基培養，然後取其菌落實施革蘭氏染色後，鏡檢見有 G (–) 桿菌。

⑶凝集反應試驗之後再做下次的實驗。

⑷生物學試驗：CMR (–)、VP (–)、尿素 (+)、運動性 (+)、葡萄糖分解 (–)、catalase (+)、oxidase (+)，同定菌種。

10.治療：

⑴ sulfamonomethoxine、kanamycin、tetracycline 的應用，可以減輕症狀。

⑵隔離淘汰較治療重要。

11.預防：

⑴淘汰感染母豬。

⑵飼料中添加歐羅肥 SP-250（產前一個月，產後 2～3 個月）。

⑶懷孕母豬接種菌苗：使用多價死菌菌苗，加上 *Pasteurella multocida* 菌體及其類毒素，對母豬在分娩前 2 至 4 週預防注射 2 次。小豬在 21～28 日齡時注射，可預防本病在哺乳及保育階段的感染。

⑷加強衛生管理（如通風良好、注意氣溫、整進和整出、小單位飼養），尤其是母豬分娩時及斷乳後 2～3 週時，更需要留意衛生管理。

⑻豬赤痢

1.病性：

　　豬赤痢 (swine dysentery) 是由豬赤痢螺旋體 （*Treponema hyodysenteriae*（目前稱 *Serpulina hyodysenteriae*）) 所引起的豬慢性傳染病。中豬體重在 30～50 kg 時較常發生。有排出黏液血便伴有特殊的臭味或軟便等特異症狀。哺乳豬及成豬較有抵抗力。

2.病原：

　　豬赤痢螺旋體大小約為 $1.5 \times 0.2\ \mu m$，為 G (−) 且具有 1～2 根鞭毛能自由運動。培養在 5% 血液和 BBL 或 Heart Infusion 瓊脂培養基時有 β 溶血現象，直徑 2～3 mm，但不會引起完全溶血。

3.發生：

　　最初於 1921 年在美國發生，至今世界各地都有發生的案例。其為亞急性至慢性經過，但蔓延迅速而成長期間繼續感染，成豬大多數是不顯性感染。

4.感染動物：

　　專發生於豬。

5.感染方法：

　　消化道感染。

6.潛伏期：

　　10～15 日。

7.症狀：

　⑴排黏液血痢便，下痢便的顏色是灰綠，帶黑色及巧克力色、暗
　　紅色等不一，並有臭味。持續 5～10 天，有時僅有 2～3 天。

　⑵無精神、食慾減退、皮膚較乾燥、貧血、逐漸脫水而消瘦、體
　　溫微升（不超過 40.6 °C），死亡率依控制狀況而定。

　⑶併發其他腸道疾病。

8.剖檢變狀：

　　主要病變多限於大腸（本病菌僅存在大腸），尤其是結腸，但
　胃及小腸卻正常。其病變發生在迴腸及大腸黏膜的表面壞死、糜
　爛及出血灶，有時可見偽膜形成；腸間膜淋巴腺腫脹；大腸壁水
　腫後轉變為肥厚；大腸黏膜的腺窩內有多數的螺旋體等。

9.診斷：

　⑴症狀：排出剝離黏膜血痢便。

　⑵鏡檢細菌：取病變大腸黏膜的黏液做抹片，然後用 Giemsa 染
　　色後鏡檢，可見出多數蟲體或在暗視野下檢查之。

　⑶分離細菌：取病變大腸黏液，培養於豬脫纖血液瓊脂培養基，
　　在 42 °C 的條件下實施厭氧性培養 3～7 日，即可分離本菌。

　⑷血清學診斷：可用凝集反應及補體結合反應診斷之。

　⑸螢光抗體檢查。

10.治療：

⑴ lincospectin：飼料 30～40 ppm。

⑵ carbadox：飼料 50 ppm。

⑶ dimetridazole：飼料 100 ppm。

⑷其他：tylosin、spiramycin、gentamicin、tetracycline，以及 furacin 系化合物的應用。

以上各藥物的治療期間為 4～7 天。

11.預防：

⑴ carbadox：飼料 12.5～20 ppm。

⑵為了消除豬體內及環境中的赤痢病原體，應時常加強防治及消毒工作。

㈨豬棒狀桿菌病

1.病性：

　　豬棒狀桿菌病 (corynebacteriosis of swine) 是主由棒狀綠膿桿菌 (*C. pyogenes*) 所引起的豬、牛、馬、羊、山羊皮下腫瘍及四肢關節腫脹傳染病。

2.病因：

　　棒狀綠膿桿菌為多型性菌，大小約 (0.2～0.3) × (0.5～2) μm，均無鞭毛、莢膜、芽孢、革蘭氏陽性、關節炎、腎化膿症、子宮內膜炎、膣炎、乳房炎、支氣管炎、急性腸炎、慢性肺炎、皮下的局部性膿瘍等。尤其幼豬時常發生腹部膿瘍引起腹壁赫尼亞（疝氣）。

3.感染動物：

　　牛、豬、馬、羊、山羊。

4.感染方法：

　　消化道、皮膚創傷感染。

5.症狀：

　⑴牛：幼牛可能出現多發性關節炎、慢性肺炎、敗血症；母牛則
　　　為子宮內膜炎、乳房炎及潰瘍性淋巴管炎（腫瘤）、腎盂腎炎。

　⑵羊：慢性肺炎、化膿性淋巴結炎、乳房炎、流產、顎骨化膿、
　　　深部膿瘍。

　⑶豬：關節炎、乳房炎、腐蹄病，臀部、肩前部的膿瘍、子宮內
　　　膜炎及腎盂腎炎。

　⑷馬：關節炎。

　⑸試驗動物：家兔感受性最高（皮下接種發生局部化膿病灶、腹
　　　腔內接種發生腹膜炎、靜脈注射則發生膿毒症）；但天竺鼠、小
　　　白鼠較有抵抗性。

　⑹診斷：

　　①培養：取供試材料（病灶）培養於 5% 血液瓊脂培養基，
　　　37 ℃，經過 48 小時後發現有周邊完全溶血的微細菌落。

　　②液化能力：取上記菌落培養在肌膠、凝固血清、凝固牛乳，
　　　試其液化能力。

　　③碳水化合物分解培養。

　⑺治療：

　　①子宮內膜炎及膿瘍則注射大劑量青黴素。

　　②乳房炎用四環素類劑、氯黴素、巨環素、鏈黴素均有效。

　　③大膿瘍作外科手術排出膿後行創傷療法。

　⑻預防：

　　①護蹄（床面要乾燥，且不可太粗糙）。

②飼養密度要適當，勿密飼。

③病豬隔離治療及加強消毒工作。

④飼養抗病（肢、蹄）力強的系統。

9-2-2 病毒性傳染病

㈠豬瘟

1.病性：

豬瘟 (hog cholera; classical swine fever) 是由黃病毒科 (*Flaviviridae*) 之瘟疫病毒屬的 RNA 病毒所引起的豬的急性熱性敗血性傳染病，具有高度傳染力，因生前發高熱及微血管壁發生變性的結果，在內臟可見多數的出血點及脾梗塞等為特徵，且易受二次性的細菌感染。

2.病因：

豬瘟病毒於 1903 年由 Schweinitz 及 Dorset 兩氏所發現。其大小為 30～35 nm。此病毒的毒力在各病毒株間有很大的差異，在各豬群間可引起急性、慢性、甚至是不顯性感染。

3.發生：

世界各地皆發生，中國流行甚烈，臺灣目前還有病例，成為養豬業最大威脅。但經嚴格管制及預防注射，發生率顯著降低。

4.感染動物：

主要感染家豬及野豬，仔豬的感受性較成豬高。母豬的移行抗體可保護仔豬達 3～6 週之久。

5.傳染方法：

自然感染的途徑，以消化道感染最多。多透過採食病豬的分

泌物、排泄物或被汙染的飼料、飲水而感染；由刺蠅、蝨等昆蟲刺螫及配種而引起的皮膚創傷及黏膜感染很少；其他尚有可能間接由人、家畜及用具媒介而感染。

6. 潛伏期：

　　自然感染的潛伏期一般為 5～6 日，長者有 30 日；人工感染者則較短，約為 3～4 日。

7. 症狀：

　　由疾病的經過時間長短，可分為三型。

⑴急性型：

　　大多數豬瘟屬於本型。發稽留熱 (41～42 ℃)，由顫慄開始，稽留熱至臨死才下降。食慾減退或廢絕、口渴、倦怠、沉鬱、嘔吐，患病初期常有結膜炎，即結膜充血、眼瞼浮腫，或黏液膿性之分泌物集積於內眥，因此有時上下眼瞼膠著。早期便祕，後下痢，有時所排硬糞中混有黏液、黏膜樣物質及血液。下痢便為黃色、黃綠色及暗黑色的水樣性，並有惡臭，有時混有血液。拱背垂頭，後軀麻痺。伏處一隅，不欲運動，呼吸急迫及脈搏急速。背毛粗剛失光亮成為黏性不潔，如有腦膜或腦實質出血時則呈腦膜炎的症狀，即出現有肌肉痙攣及強迫運動。

　　皮膚發生病變，自第 4～6 病日起有點狀或塊狀出血斑，易發部位為耳朵根部、鼻端、下肢、下腹部、頸部、臀部及尾根等處。此紫斑多為瀰漫性，有時則為侷限性，大小自米粒至小豆大，因為是出血性（微血管破裂），故指壓不消散。尿量減少，有時出現血色素尿。扁桃腺潮紅，喉頭及會厭軟骨可見出血點。鼠蹊及膝襞皮下淋巴腺有腫脹。逐漸貧血，有時併發黃疸，最後因衰弱而死亡。如有侵害肺臟者，則併發咳嗽及流黏

液性或帶血性鼻液，若是與其他疾病繼發感染，其症狀更複雜。

⑵慢性型：

　　發生於此病常在地、本病流行之末期或毒力較低之病毒株感染。病豬食慾不定，常見頑固性下痢。有時於耳尾及四肢等處見有壞疽。病豬消瘦、貧血並經常排毒，成為此病的主要傳染源。

⑶遲發型：

　　本型多見於產前胎兒感染，易導致免疫耐受性問題，臨床症狀與慢性型豬瘟相似。

8.經過及預後：

　　急性型經過大約 7～14 日，死亡率為 70～90%；甚急性型者死亡率 100%。慢性型經過達數個月，少有恢復者。如繼發其他巴氏桿菌、沙門氏菌的二次感染，大多數斃死。

9.剖檢變狀：

⑴急性型：

①臨床病變：

　　鼻端、耳殼、頸部、腹部、臀部及尾根部等處有紫斑及出血。

②內臟檢查：

a.咽喉頭及氣管黏膜，有輕度充血或出血點。

b.肺臟有充血，或針頭大之出血點。

c.全身淋巴腺有腫脹及周邊出血現象（包括顎下淋巴、肺門淋巴、腸間淋巴及鼠蹊淋巴等）。

d.心臟：有時在心外膜冠狀溝散發有小出血斑點。

e.肝臟：僅有輕度充血。

　　　　f.脾臟：梗塞。

　　　　g.腎臟：輕度混濁，在包膜下及皮質有散發針頭大至粟粒大
　　　　　　之出血點。壓腎盂部位有時呈現出血現象。

　　　　h.胃：胃底部黏膜有輕度充血及出血。

　　　　i.小腸：黏膜有瀰漫性出血。

　　　　j.盲腸：黏膜有輕度充血及針頭大出血點散發，或發生釦狀
　　　　　　潰瘍（周緣提狀隆起、中心凹陷且附有不潔物）。此等變狀
　　　　　　常在迴盲瓣及盲腸尖部發現。

　　　　k.直腸：黏膜有輕度充血及小出血斑。

　　　　l.膀胱：黏膜有輕度之樹枝狀出血，或有針頭大，粟粒大出
　　　　　　血點散發。

　　⑵慢性型：

　　　　　主要病變為胸腺萎縮、肋骨生長板變厚及釦狀潰瘍。

10.診斷：

　⑴主要豬傳染病類症鑑別表請見表 9-1。

　⑵混合感染診斷法：

　　　①有併發傳染性肺炎：

　　　　　有咳嗽、呼吸急迫、喘鳴，鼻腔常流出黏性鼻汁。剖檢
　　　　結果除豬瘟病變外，見有纖維素性肋膜肺炎或心囊炎等。

　　　②併發沙門氏菌症：

　　　　　病徵較嚴重，見有多量鼻汁。剖檢變狀的特徵為急性脾
　　　　腫，有時肺水腫。

　⑶區別診斷：

　　　　應與豬丹毒及敗血型沙門氏菌症作類症鑑別。

⑷血液檢查：

　　本法在豬瘟的生前診斷頗有價值。患豬瘟時，其血液主要變狀如下：

①紅血球：一發病便貧血，減至 300 萬 /mm³ 時（健康者 650～750 萬 /mm³）貧血症狀甚為明顯。

②白血球：一發病便有白血球減少症（常減 $\frac{1}{4}$～$\frac{1}{5}$ 量）。

③嗜中性白血球：一發病便見到嗜中性的骨髓細胞、後骨髓細胞及桿狀核細胞顯著增加。此種現象稱為左方推移現象，又名核左轉。

④網狀紅血球：發病初期即減少，漸而全無。（健康豬血液中的網狀紅血球數為紅血球之 $\frac{2}{1,000}$。）

⑤紅血球沉降速度增加（約為健康時之十倍乃至數十倍）。

▶ 表 9-3　人工感染豬瘟之血液像變化表（日本生物研究所）

注射後日期 / 血球種類	前一天	1	2	4	6	備註
紅血球	684 萬	625 萬	629 萬	600 萬	540 萬	注射毒血後 3 日半發熱血液 2/mm³
白血球	2.1 萬	1.2 萬	1.1 萬	0.8 萬	0.6 萬	
骨髓球	0%	1.0%	1.0%	0%	3.0%	
後骨髓球	0%	0.5%	1.5%	0.5%	1.0%	
桿狀核	1.0%	18.0%	14.5%	19.5%	28.0%	
分葉核	33.0%	9.0%	6.0%	25.5%	10.5%	
淋巴球	66.0%	67.0%	68.0%	49.0%	52.0%	
單球	2.0%	3.0%	6.5%	3.5%	1.5%	
酸性球	1.5%	1.0%	1.0%	0.5%	1.5%	
嗜鹼性球	0.5%	1.0%	0%	1.0%	0%	

⑸螢光抗體法：

①取欲診斷病豬的扁桃腺或脾臟，經塗抹或冷凍切片之後，用螢光標示抗體染色後，於螢光抗體顯微鏡鏡檢。

②以豬腎組織培養的細胞 (PK-15)，接種病豬扁桃腺的乳劑，病毒分離 1～2 天後，再行螢光抗體染色鏡檢。

⑹END 法 (exaltation of Newcastle disease virus)：

以豬睪丸細胞的單層培養液培養豬瘟病毒之後，加入新城雞瘟病毒，可見到細胞病變作用 (cytopathic effect, CPE)。

11.預防：

⑴一般管制：

平時新購豬隻，須隔離觀察 3 週。豬舍及用具每個月消毒 1～2 次。豬場謝絕參觀。發現病豬則撲殺並嚴格消毒。肉豬飼主需配合政府政策購買經豬瘟減毒活毒 (LPC) 疫苗免疫、25 kg 以上之小豬飼養。

⑵豬瘟疫苗注射：

國內各處現在所採用的疫苗為兔化豬瘟疫苗，是使豬瘟病毒通過 800 次累代繼代的 LPC 株，使豬產生高度免疫力的變性病毒株，其優點和用法如下：

①優點：

a.豬隻一次注射 2 mL 的兔化豬瘟疫苗，至少可有一年的預防效果。

b.應用安全，免疫效力亦較長。

c.注射後至少過 4 天，豬便可得到有效免疫力。

d.以適當的乾燥粉劑包裝，在 4 °C 以下，效力可保存一年。

②用法：

　　　　瓶蓋打開後，盡快用完。宜注射於大腿內側肌肉或耳根
皮下，不要注入血管內。注射器須煮沸消毒 15 分鐘，千萬不
要用消毒用品消毒之。

③注意事項：

　　　　仔豬注射之適期為出生後 3 週。於 3 週後需再補強注射
一次。

④國內豬瘟預防注射的現況：

　　　　豬瘟之移行抗體價在 32 倍以上者，可抵抗豬瘟感染。目
前國內仔豬豬瘟疫苗接種方式依 85 年度豬瘟撲滅方案中之
規定，宜在 6 週齡時免疫，並且在 25 mL 以上方可買賣。

12.治療：

　　　　因此病為法定傳染病，病豬以撲殺為原則，未發病豬則緊急
實施全場補強免疫。

㈡非洲豬瘟

1.病性：

　　　　非洲豬瘟 (African swine fever) 是由未分類的病毒所引起的
家豬急性致死性傳染病，類似豬瘟。惟此病毒其實是存在非洲的
一種壁蝨 (*Ornithodoros moubata*) 與野豬間互相不顯性感染的感
染環境，家豬受到感染是因病媒壁蝨帶毒者引起，或因與帶毒野
豬接觸引起。

2.病因：

　　　　此病毒屬於 DNA 型，與豬瘟病毒完全不同。大小為 175～
215 μm，呈 5～6 角形。

3.感染動物：

　　豬、野豬。

4.潛伏期：

　　7～9 日，實驗例為 2～5 日。

5.感染方法：

⑴家豬間的傳染：與病豬之排泄及分泌物直接或間接接觸，或藉由空氣傳染。

⑵野豬為此病之帶原者，可藉由壁蝨之叮吮而使病毒感染家豬。

6.症狀：

　　類似豬瘟。

⑴急性型：

　①發燒至 40 °C 以上，無精神、食慾廢絕、呼吸急迫、後軀麻痺等。

　②在四肢、耳翼、下腹等處的皮膚有紫斑及出血灶。

　③鼻鏡乾燥、結膜炎、有眼屎及血便等。

　④白血球，尤其是淋巴球減少最明顯。

　⑤下熱後 7 日左右時，死亡率高達 100%。

　⑥幼豬病發後轉為慢性型者頗多。

⑵慢性型：

　①波狀熱或回歸熱的熱型。

　②發育停止，關節炎及皮膚潰瘍等。

7.剖檢變化：

⑴急性型：

　①脾腫大 3～5 倍，易碎；內臟充滿血液、呈暗紫色、濾泡不明顯、周緣性出血性梗塞，但不如豬瘟多（約占 5%）。

　　②全身的出血性變化：如淋巴結腫大、出血、膽囊水腫及黏膜
　　　出血、腎及膀胱黏膜、胃、腸管的漿膜下以及心內外膜的出
　　　血等。尤其是腎盂與乳突部位有瀰漫性出血區出現。
　(2)亞急性和慢性型：
　　①淋巴結出血腫大和纖維素性心囊炎。
　　②間質性肺炎及胸膜肺炎。

8.診斷：
　(1)查明流行傳染途徑（病媒壁蝨）。
　(2)症狀類似豬瘟。
　(3)脾腫大及全身的出血性變化。
　(4)紅血球吸著反應呈陽性。
　(5)螢光抗體檢查和膠沉降反應。

9.治療：
　　　以淘汰撲殺病豬為主。

10.預防：
　(1)加強進口豬的檢驗工作。
　(2)病豬一律撲殺、燒埋，並用 2% 氫氧化鈉徹底消毒。
　(3)消滅病媒壁蝨。

㈢**日本腦炎**

　1.病性：

　　　日本腦炎 (Japanese encephalitis) 是由日本腦炎病毒 (Japanese
encephalitis virus, JEV) 所引起的人畜共通傳染病。通常發生於夏
初至秋末季節，由蚊蟲三斑家蚊作為病毒媒介而感染。家畜中以
馬的病害最嚴重，牛、豬、山羊之自然感染亦有，但大部分為不
顯性感染。

2.病因：

　　　　黃熱病毒屬 (*Flavivirus*) 的 RNA 病毒。

3.症狀：

　　　　大部分豬隻呈不顯性感染。母豬在妊娠中受感染時，本身無症狀；但胎兒感染時，有死產及木乃伊情形，此為豬之特徵。唯死產多在於分娩預定日之前發生，或稍遲。母豬始終無異狀，母豬經流產後交配亦不受影響；種公豬感染則可能造成機能受到影響。此病母豬所產出之胎兒有下列各種：

⑴正常。

⑵形態正常，但稍欠活潑而有癲癇樣發作，乳豬難免斃死。

⑶形態正常或稍大，但常有水腦。

⑷死產，但各部位之發育正常。

⑸胎兒矮小如指頭大，但於皮膚、臍帶及內臟等處呈暗褐色（所謂黑子乃為木乃伊變性）。 通常所見之胎兒是上述之各種混合型，其中常有水腦為最顯著之特徵。

4.診斷：

⑴調查發生情形：

　　　　本病多發生於夏至秋末季節，初胎最多。

⑵胎兒病變：

　　　　有黑子木乃伊化胎兒及水腦等。

⑶分離病毒及組織檢查：

　①取供試豬腦及脊髓（出生 4～5 日以內）乳劑，接種於小白鼠之腦內， 然後繼代接種於小白鼠腦內至殆其全例有發症為止。而所分離得之病毒，供為中和試驗及補體結合反應之用。

　②組織病理檢查是取供試豬腦及脊髓做成組織片，若是為本病

者，則有膠質細胞、神經組織之變性及淋巴細胞圍管現象。
肉眼常見水腦病變。

⑷類症鑑別：需與豬傳染性流產（如假性狂犬病、豬小病毒感染）
加以區別。

5.預防及治療：

消滅蚊蟲，病發後淘汰。目前尚未有治療方法。蚊蟲孳生期間不
使母豬孕妊而受其感染亦為一法。預防方法是蚊子孳生前的每年 3～
4 月間，對於新留種女豬實施肌肉注射日本腦炎疫苗，隔 3 週時加強
一次頗有效。種公豬或後補幼齡公豬也要同法接種注射預防。

㈣豬傳染性胃腸炎

1.病性：

豬傳染性胃腸炎 (transmissible gastroenteritis in pigs, TGE) 可
發生於各年齡層豬隻，是以下痢為主徵的傳染病。1946 年 Doyle
及 Hutchings 兩氏曾在美國印第安納州發現。國內於 1958 年 1 月
先發生於宜蘭縣，而陸續蔓延到幾乎傳染全臺灣。如哺乳仔豬感
染，發病嚴重死亡率高。

2.病原：

此病是由冠狀病毒 (Coronavirus) 之 RNA 型所引起的，主存
於病畜的胃腸內容物及其排泄物中，與病豬接觸感染。

3.症狀：

此病的經過時間很短，臨床上以下痢為主徵。哺乳豬發病初
期有嘔吐現象，繼而排出綠色糞便，因此水分流失，呈現脫水、
消瘦及昏睡，多在 2～7 日內死亡。病初體溫略微升高，次漸下
降。如患病者為出生後 2 週內的乳豬，死亡率為 90～100％；3～
4 週齡者只有 40～60％。本病亦能感染成豬，其症狀為食慾減退、

嘔吐、下痢、體重急劇減輕、消瘦。母豬患病則會停止泌乳，但大部分經過 7～10 日後即恢復健康。

4.剖檢變狀：

　　乳豬的主要剖檢病變侷限於胃腸內，出生後 3～4 星期常有腸管膨大的現象，併含有灰白色、黃色或綠色的液體、胃腸黏膜充血。腸管壁（尤其在空迴腸段）呈充氣、變薄、略具微透明狀。解剖顯微鏡下，小腸絨毛萎縮是最明顯的特徵。

5.類症鑑別：

(1) TGE：本病流行激烈，全群豬在短時間（0.5～3 天內）均排噴射式水般下痢，同時有嘔吐情形。哺乳豬的死亡率高。小腸黏膜絨毛嚴重萎縮。

(2) 大腸菌症：本病傳染較慢，傳染率及死亡率較低，離乳後豬較少有下痢發生，小腸黏膜的絨毛未見萎縮，以卡他性腸炎為主。

6.預防及治療：

　　以乳汁免疫 (IgA) 保護哺乳豬有效，即對懷孕母豬注射疫苗。若要在全豬場實施乳汁免疫法時，可用稀釋小腸（選自已發病豬）稀釋乳液給母豬口服，每頭 5～20 mL 劑量，口服即可。

　　一週齡以內的乳豬大部分死亡。對中、大豬即實施絕食、輸液並注射抗生素療法能減少損失。

㈤假性狂犬病

1.病性：

　　假性狂犬病 (pseudorabies; Aujezsky's disease) 是由疱疹病毒所引起的哺乳豬急性傳染病，以中樞神經障礙為主徵。除豬以外，其他哺乳動物感染時皮膚會呈現特異性劇癢。

2.發生：

　　1902 年，匈牙利 Aujezsky 自狂犬病樣病牛、犬之脊髓接種於家兔使發病，證實是另一種新的傳染病。至 1910 年，Schiedhoffes 證實本病為病毒所引起，能使草食獸（牛、羊、山羊）、肉食獸（犬、貓）、雜食獸（豬）、家兔、老鼠發病，尤其牛、豬為自然感染宿主。哺乳豬及斷乳後仔豬發病多，且死亡率高達 100%；成豬多為不顯性感染，或以呼吸道感染症狀為主，且影響生長速率；有孕母豬則引起流產、死產。

3.病因：

　　疱疹病毒，大小有 120 nm，能在睪丸組織、雞胚胎及豬腎細胞培養增殖，經 24 小時後有細胞病變作用。病毒保存於 −70 °C 的甘油中時具有一年的感染力；在乾燥地面則經數日便失去毒力。病毒感染初期在扁桃腺及上呼吸道黏膜增殖，然後再藉病毒血症散播至身體各內部臟器。

4.感染動物：

　　感受性動物有牛、豬、犬、貓、老鼠及綿羊；實驗動物有家兔、白老鼠、雞胚胎。

5.流行性：

　　牛為散發性病發，豬則為緩慢性流行。在肉豬群方面，其感染率有時高達 40～60%，但死亡率很低，平均僅 5%；在哺乳豬及保育豬群間，其致死率則高。其發生與季節無關。本病發生在南歐、荷蘭、南美洲、中國西部、日本及臺灣（1971 年在屏東首次發現，現在全臺各處皆散發）。

6.傳染途徑：

⑴消化道傳染：病畜的鼻涕及唾液附著於飼料及飲水，經口腔、

咽喉頭黏膜損傷部位侵襲傳染。

⑵皮膚損傷傳染：病毒從頭、頸、肩、四肢等損傷部位侵入，迅速在局部組織增殖，造成病畜劇癢，然後向神經組織、中樞神經、子宮組織增殖且破壞組織，尤其是延髓的損傷甚重，病症也激烈。一般而言，病毒尚未達到大腦皮質前即已致死。從後肢皮膚創傷侵襲的病毒會先在局部增殖，然後定著脊髓的腰髓、薦髓、最後至延髓。

⑶本病亦可藉由呼吸道之飛沫傳染。

7.潛伏期：

　　腦內接種 24 小時；經口接種 3～4 日；自然感染 2～9 日。

8.症狀：

　　感染症狀依豬隻年齡而定，哺乳豬有較高的死亡率，可達 100%；肉豬則較輕微，或呈不顯性感染。哺乳豬感染時可見明顯之神經症狀，包括嘔吐、戰慄、共濟失調、昏迷及不自主之泳狀運動。中豬及肉豬之感染除少部分可見神經症狀外，主要以呼吸道感染症狀為主，包括高熱、流膿樣鼻汁、呼吸迫促、咳嗽、呼吸有囉音等類似流行性感冒的症候。病程可持續 10～14 天，死亡率較低。成豬感染與肉豬相似。懷孕母豬則可見流死產、遲產等現象。犬、貓、牛、羊對假性狂犬病為終死動物，以皮膚創傷感染部位之劇癢、舐毛、摩擦、出血及浮腫為主徵，進而呈現中樞神經症狀，如流涎、不安、嘔吐、麻痺和痙攣等病徵，症狀呈現後 1～2 日死亡。

9.剖檢變狀：

　　皮膚創傷感染局部、脫毛及皮下浮腫。腦髓膜充血、肺充血及水腫。經過稍長的成豬有咽頭炎、喉頭膠狀浸潤。病理病變有

中樞神經系統之神經細胞變性、單核細胞圍管現象。淋巴被破壞而減少，影響免疫力的產生。主要臟器如肝、脾、腎上腺、扁桃腺和淋巴腺常可見白色壞死點，此尤多見於感染小豬。感染肉豬之鼻黏膜潮紅、肺水腫，常可見二次性的繼發性感染。

10.診斷：

⑴特異症狀：感受性大的牛及幼豬呈急性症狀，神經先興奮後麻痺，泡沫性流涎、皮膚過敏性搔癢、痙攣。哺乳豬死亡率可達100%。

⑵動物試驗：慢性經過（成豬）不易依症狀診斷時，取延髓、扁桃腺做成 10% 乳劑，皮下接種 1～2 mL，於家兔時必有定型的搔癢症。於接種後 48～72 小時，接種部位呈劇癢及抓、咬之皮膚潰爛病變，而後死亡。

⑶螢光抗體染色：以扁桃腺做冷凍切片，並進行螢光染色檢查，能迅速簡便診斷之。

11.防治：

⑴一般管制：

①勿從感染地區購買幼豬。

②新購入的豬一律隔離並預防注射。

③驅除感染源老鼠。

④勿將豬與具有感受性的動物（牛、犬、貓）飼養在同一處。

⑤厲行消毒（以 1～2% 氫氧化鈉消毒最有效）。

⑵免疫：

以假性狂犬或死毒疫苗免疫。

①小豬在 8 週齡時給予一劑量，3～4 週後補強注射。

②懷孕母豬（已行基礎免疫者），在分娩前 3～4 週以死毒疫苗

　　　　使其免疫。

　　③新女豬除了基礎免疫外，配種前及分娩前 3～4 週均以死毒疫
　　　苗補強注射。

㈥豬水泡病

　1.病性：

　　　　豬水泡病 (swine vesicular disease, SVD) 是由小核醣核酸病毒
　　科 (*Picornaviridae*) 中之腸病毒 (*Enterovirus*) 所引起，僅於豬鼻
　　端、口唇、乳房、蹄部發生水泡為特徵。此症狀即與口蹄疫、水
　　泡性口炎甚難區別。

　2.發生：

　　　　1966 年首見於義大利，爾後類似病例亦見於歐洲國家。

　3.病因：

　　　　病毒大小約 30～32 nm，病毒對初生小白鼠有致命性感染。

　4.潛伏期：

　　　　通常為 48 小時，亦有 24 小時者。

　5.症狀：

　　　　在鼻端、唇部及蹄冠皮膚出現大小不同的水泡，伴有發燒、
　　倦怠、食慾廢絕、體重減少、多跛行、橫臥、站立時發悲鳴聲等
　　情況。病後口部病變恢復迅速，但蹄常併發細菌性感染，跛行 1～
　　2 週。病情輕者很少死亡；但蹄部二次感染者，可因細菌二次感
　　染，生長發育不良而遭淘汰。

　6.防治：

　　　　局部傷口塗優碘液，有預防二次性感染的效果。本病為法定
　　傳染病，並無商品化疫苗可供使用。

9-2-3 原蟲性傳染病

㈠弓蟲病

1.病性及病因：

弓蟲病 (toxoplasmosis) 是由弓蟲 (*Toxoplasma gondii*)（toxon 為希臘語，有弓的意思，即呈半月狀）所引起的人畜共通傳染病。現在已經有 21 種哺乳動物及 45 種鳥類檢出此種原蟲。

2.弓蟲形態：

接種試驗動物體做成塗抹標本，以 Giemsa 染色鏡檢時，見有弓形或橢圓形的蟲體 trophozoite，長 4～8 μm、寬 2～4 μm，蟲體一端尖銳而另一端稍微鈍圓。蟲核位於靠近鈍圓部且呈紅色，細胞質染為青色。

3.繁殖：

弓蟲可以利用雞胚胎及一般組織培養，只能在活細胞中增殖發育，自然感染途徑至今仍未明朗。

⑴貓為本病之自然帶原者，其糞便中之球蟲卵囊經孵化後，可經消化道感染其他動物。病原可經胎盤感染胎兒。

⑵攝食未煮食的肉亦可造成同居感染及吸血昆蟲感染的可能性。當原蟲侵入宿主細胞，經過一段時間增殖後，即會進入血液內而隨血液循環送至全身各部。該原蟲在腦髓、眼球、肺臟、腎臟等各處檢出較多。

弓蟲在貓的生活史可分為感染期、增殖期、囊體期、裂殖體型、配子體型及卵囊期六期。

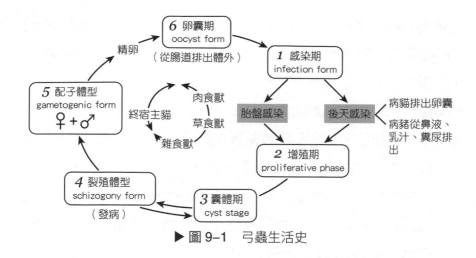

▶ 圖 9-1　弓蟲生活史

4.症狀：

　　通常不顯著，但與其他疾病混合致死的病例剖檢中，發現患有本病的很多。豬之急性型有體溫上升 (40～41 ℃)、食慾不振或廢絕、呼吸困難及發生咳嗽，發病後 2～3 日內在耳朵及腹部有呈現紫色的斑點，間有嘔吐、下痢或便祕、斜頸、鼻出血或失明等頗似豬瘟的症狀。如有懷孕的家畜患有本病，有流死產，並得自胎兒內臟檢出原蟲。通常多見於 2～3 個月大的離乳豬，或斷乳不久之小豬發生急性型而死亡。

　　犬的症狀得分為內臟型及中樞神經型兩型，內臟型有發燒（40 ℃ 左右）、食慾不振、消瘦、結膜炎、扁桃腺炎、咳嗽、下痢、黃疸、蛋白尿、血便、肺炎等症狀；中樞神經型則有神經過敏、狂咬不安、沉鬱、運動麻痺、尿閉、癲癇樣發作、瞳孔散大等症狀。

5.病理解剖：

　　肺有間質性肺炎及水腫的特徵。腦髓、肺等臟器經塗抹標本，可鏡檢出原蟲。全身淋巴腺（尤其是胃、肝及腸間膜淋巴腺）有

腫脹、硬結、周邊性充出血及壞死灶。肝臟有散發性粟粒壞死灶、腸黏膜（尤盲腸）壞死及潰瘍，其他有腦炎、眼炎、胸腹水等。

6.診斷：

⑴檢出原蟲為最確實的診斷法：

接種法，取肺或其他臟器經磨碎後以紗布過濾，加入 10 倍量的 20% 血清加生理食鹽水，再加以抗生素（每 mL 中加入青黴素 0.1 mg），然後注入小白老鼠腹腔內 0.5～1.0 mL，觀察 3 週間有沒有反應。或接種於孵化雞胚胎的漿尿膜腔，然後分離原蟲，經 Giemsa 染色檢查。

⑵免疫學的診斷法：

因接種手續繁雜及診斷時間較長，故常用間接方法檢查病畜血清中有沒有產生抗體。抗體檢查有下列幾種方法：

①色素試驗 (Sabin-Feldman dye test)：

　a.本法的原理：

　　・蟲體浮游液 + 健康人血清 + 鹼性亞甲藍液 = 蟲體被染清。

　　・患病血清（抗體）+ 蟲體浮游液 + 健康人血清 + 鹼性亞甲藍液 = 蟲體不被染色。

　b.方法：

　　　有倍數稀釋供試病畜血清 0.1 mL，加以小白老鼠腹腔液、蟲體浮游液與健康人血清混合液 0.1 mL，在 37 °C 的環境中放置一小時後，與鹼性亞甲藍液 0.05 mL (pH 11.0) 混合後取其一滴，鏡檢觀察蟲體 100～200 個。算出蟲體中的著染及不著染數。有 50% 以上的不著染蟲體的供試病畜血清之最高稀釋倍數為一抗體價，抗體價在 16 倍以上者即為陽性。

②補體結合反應：

　　　　病畜補體的出現較與色素抗體稍遲，且隨病程經過逐漸減退，抗原是天竺鼠腹腔內的增殖原蟲液，經過超音波等電點精製所得之液體。

③中和試驗：

　　　　取蟲體浮游液加供試病畜血清混合後，注入家兔皮內，經過 4～7 日後檢查皮膚有沒有發紅。

④皮內反應：

　　　　取蟲體成分（即以 *Toxoplasma gondii* 製成者）0.2 mL，注射於病畜的皮內，經過 24 小時後，檢查局部的腫脹硬結程度，如有發紅腫脹且硬結有達徑 10 mm 以上者為陽性。但此法不太敏銳，沒有應用價值。

7.治療：

　⑴磺胺劑療法：sulfamethazine 與 sulfapyrazine 併用法，在病初應用有效。但沒有殺死原蟲的效果，僅能制止蟲體的繁殖而已。其他如 sulfamonomethoxine 及富利保命 (Fritomin) 也有效。

　⑵抗生素：僅 spiramycin 有效。

　⑶化學療法：英國 Wellcome 公司出品之 Daraprim® (5–(4–chlorophenyl)–6–ethyl–2, 4–pyrimidinediamine) 內服效果良好。日本 Hylaxin 研究所小倉博士創製的 Chlorance（以砷劑及色素劑為主劑）亦有良效，劑量為哺乳豬 3～5 mL，斷乳後小豬 5～10 mL，中豬 10～15 mL，成豬 20 mL，均做皮下、腹腔內、靜脈內、肌肉內注射，有 87% 治療之效果，且無任何副作用。日本第一製藥會社出品的 Myoarsemin 亦可以試用。

⑷併用法：sulfamonomethoxine（劑量為 40 mg/kg）與 pyrimethmine（劑量為 2.5 mg/kg）併用注射，效果更佳。

㈡豬附紅血球體症

1.病性：

　　豬附紅血球體症 (eperythrozoonosis) 是由豬附紅血球體 (*Eperythrozoon suis*) 所引起的豬散發性熱性溶血性疾病，因此有貧血及黃疸症狀，但多為不顯性感染。

2.病因：

　　本病原屬於立克次體目 (*Rickettsiales*)，邊蟲科 (*Anaplasmataceae*)、附紅血球體屬 (*Eperythrozoon*)，而不屬於原蟲。另外附紅血球體屬也有 *E. ovis* 寄生於羊；*E. wenyoni* 及 *E. felis* 寄生於牛及貓。*E. suis* 的直徑 0.8～2.5 μm，以環狀形態為主，其他也有桿狀、球狀、出芽狀者附著於紅血球、血小板，或存在於血漿中。

3.傳染：

　　溫暖季節發生較多，至寒冷期即自然消滅，此與吸血昆蟲媒介有關。豬的傳染方式尚未完全明瞭。注射、手術及帶菌者均為感染源。胎盤感染及經口感染也已被證明可以成立。

4.潛伏期：

　　6～10 日。

5.症狀：

⑴發燒、食慾不振或廢絕、無精神，不久體溫下降。

⑵紅血球表面出現多數病原體，多時可達 90%。

⑶貧血 (紅血球 100～200 萬 /mm^3)，因此可視黏膜有黃疸、呼吸迫促、全身虛弱及血色素尿。通常幼豬患病多，死亡率也高。

6.剖檢變狀：

　⑴皮下及肌肉間的血液漏出，胃、小腸內有血塊。

　⑵肝性黃疸、脾腫大且較軟，心囊液增加。

7.診斷：

　⑴特異症狀：好發於幼小豬隻，如貧血、黃疸等特殊症狀。

　⑵鏡檢病原體：血液塗抹片以 Wright 或 Giemsa 染色法染色，檢
　　查紅血球上之病原體。

8.治療：

　⑴肌肉注射：oxytetracycline (OTC) 輔以鐵劑注射，治療貧血。

　⑵母豬可在飼料中添加 OTC。

　⑶肉豬可用砷劑治療及預防。

9.預防：

　⑴消滅病媒昆蟲，如蝨、蚊。

　⑵應常消毒豬舍。

　⑶加強衛生管理。

　⑷引進新的豬隻時應作血檢，以防引進帶原者。

習　題

1.豬丹毒菌在生物學的各種性質為何？

2.豬丹毒的感染方法為何？

3.豬丹毒的症狀有哪幾型？請分類詳述之。

4.豬丹毒如何診斷？

5.豬丹毒的免疫學預防方法為何？

6.豬丹毒如何治療？

7.沙門氏菌所引起的家畜傳染病有哪幾種？

8.沙門氏菌在生物學上的特性為何？

9.引起豬沙門氏菌症的細菌有哪幾種？

10.豬沙門氏菌症的感染方法為何？

11.豬沙門氏菌症的症狀為何？

12.豬沙門氏菌症與豬瘟、豬丹毒、豬出血性敗血症的類症鑑別法為何？

13.豬沙門氏菌症的細菌培養及凝集反應為何？

14.豬沙門氏菌症的治療法為何？

15.何菌間的培養有衛星現象？

16.試述豬放線桿菌胸膜肺炎的病因、特異症狀及防治方法。

17.試述豬流行性肺炎的臨床症狀有哪些特徵？

18.試述豬流行性肺炎的防治方法為何？

19.試述豬萎縮性鼻炎的危害性為何？其診斷方法有哪幾種？分別說明之。

20.試述萎縮性鼻炎的防治方法為何？

21.試述豬赤痢的診斷及防治方法為何？

22.試述由棒狀綠膿桿菌引起的家畜疾病有哪幾種？

23.試述豬的棒狀桿菌病有何症狀？防治方法為何？

24.試述豬瘟的症狀有幾型？分類說明之。

25.豬瘟的主要剖檢變狀為何？

26.豬瘟的主要類症鑑別法為何？

27.如何診斷豬瘟？

28.患豬瘟時有幾種血液變狀？其特徵為何？

29.兔化豬瘟疫苗有幾種優點？

30.豬瘟有幾種免疫法？分別說明其方法為何？

31.注射兔化豬瘟疫苗時應注意哪些事項？

32.試述非洲豬瘟的特異傳染方法為何？

33.試述非洲豬瘟的診斷方法為何？

34.豬發生日本腦炎的特殊症狀為何？

35.如何診斷豬之日本腦炎？

36.試述日本腦炎的危害情況與預防注射方法。

37.試述豬傳染性胃腸炎的特異症狀與防治方法為何？

38.豬假性狂犬病的症狀、診斷及預防注射方法為何？

39.假性狂犬病的發生情況為何？

40.試述豬水泡病的症狀為何？

41.試述弓蟲的一般生活史與弓蟲病的症狀有何種密切關係？

42.弓蟲的診斷方法及治療方法為何？

43.試述豬附紅血球體症之臨床症狀。

44.試述豬附紅血球體症之傳播方式。

◆ 9–3 家禽傳染病 ◆

9–3–1 新城雞瘟

　　新城雞瘟 (Newcastle disease, ND) 是由副黏液病毒所引起、具高度傳染力及高度致病力的病毒性疾病，對雞及多種禽類都具感染力，人感染後也可引起結膜炎。

　　此病 1926 年首度在英國「新城」經 Doyle 研究證實而命名。此病的病原到目前為止只有一種血清型，不過在各地流行的病毒株間，其致病的毒力卻有相當大的差別。從 1926 年到現在，幾乎可說有養雞的地方就有強毒型的新城雞瘟流行，亞、非、歐洲的許多國家仍有強毒型的新城雞瘟流行；澳洲和北愛爾蘭等地則因地形隔離而能免於強毒的侵擾，不過弱毒型的新城雞瘟仍然存在；美國在 1971 年曾有強毒型侵入，但他們迅速採取撲殺政策，在短期間內予以撲滅，因此目前美國只有弱毒型的新城雞瘟存在。至於國內的新城雞瘟則一直以強毒型散發存在，近 20 多年來發生過 3 次大流行，第一次發生在 1968～1969 年間，據呂榮修博士的調查，全臺北、中、南 100 戶雞場 60 多萬隻雞中，15 萬隻以上發病，死亡及淘汰病雞達 8 萬多隻；第二次流行發生在 1984 年，經呂博士調查 11 個主要養雞的縣市共 245 個雞場，飼養的 460 多萬隻雞當中，有 270 多萬隻發病，死亡的雞達 56 萬隻以上；第三次流行發生在 1995 年初，為內臟型（亦稱亞洲型新城雞瘟），死亡亦達數十萬隻。由於國內存在的新城雞瘟是強毒型，而國內養雞

密度又高，可保毒而傳播新城雞瘟的禽類也多，可以說只要防疫工作稍有疏忽，立刻就會有高發生率及高死亡率的爆發。此病為惡性傳染病，造成國內養雞業界極為沉重的負擔。

㈠**病因**

由副黏液病毒 (paramyxovirus) 所引起，此病毒顆粒形狀多變化，直徑 100～500 nm，有時呈長條狀。有封套，其封套表面有 3 種與其毒力和抗原性重要相關之抗原，即血球凝集素 (hemagglutinin)、組織胺酶 (neuraminidase) 及細胞融合 (fusion) 等 3 種醣蛋白，此病毒具有凝集雞及其他多種動物紅血球之能力，可感染的動物種類及細胞培養的種類也相當多。

㈡**自然宿主**

除了雞以外，新城雞瘟對火雞、孔雀、珠雞、雉雞、鵪鶉和鴿子也能產生溫和，或甚至會致死的感染。國內雉雞曾有大量死亡的病例；至於鴨、鵝等水禽類可感染本病毒，但很少導致嚴重疾病；新城雞瘟病毒曾從多種野鳥身上分離到，這些鳥有的有臨床症狀，有的看起來則正常無恙。

㈢**傳播**

從新城雞瘟的活毒疫苗可以利用飲水投予、點眼、點鼻、噴霧等多種方法，就知道各種感染方式都可使新城雞瘟病毒感染雞隻，而病雞從其呼吸道及消化道均可排出病毒，加上前述多種禽類及飛鳥可感染新城雞瘟病毒而不死亡，因此新城雞瘟的傳播是多方面的，包括：

　1.機械方式：

　　　如人、車、飼料、飲水等受新城雞瘟病毒汙染可成為傳播源。

　2.雞隻的搬運：

　　　特別是搬運過病雞的車子、雞籠及蛋箱，沒經過適當清洗消

毒就到其他雞場裝運雞隻和雞蛋，成為國內本病普遍分布的原因
之一。

3.空氣傳播：

在國內養雞密度高的地區，空氣也是重要的傳播源。

另外，國內也常可見到雞場附近或場內同時飼有鴨、鵝等，以及
雞舍內常有成群的麻雀來共吃飼料，這些都是病毒傳播防不勝防的地
方。總之國內養雞要求平安，只有做好本病的防疫工作了。

㈣臨床症狀及解剖病變

從病毒株的毒力強弱及致病的特性，大致可分為五型：

1. Doyle 型：

此為引起各種雞齡雞的急性致死性疾病，以在消化道造成出
血性病變為特徵，亞洲地區流行的一些強毒株病毒常為此型，而
稱之為親內臟型強毒新城雞瘟 (VVND)。

2. Beach 型：

這也是引起各種雞齡雞的急性致死性疾病，以引起呼吸道及
神經系統病變為特徵，此型消化道出血之病變不顯著，被稱為肺
腦炎型或嗜神經型，也曾有人叫它歐洲型。此型的發病率和死亡
率也都很高，由強毒株引起。

3. Beaudette 型：

引起幼齡雞出現急性呼吸道症狀及有時伴有致死性神經症狀
之病型，年齡較大的雞則很少死亡。引起此種病型的病毒屬於中
間毒的毒株，此型的毒株，有些被用來製造新城雞瘟的活毒疫苗。

4. Hitchner 型：

此為一種溫和或不顯性的呼吸道感染，由弱毒株新城雞瘟病
毒所引起，各雞齡的雞都很少因為感染此型而死亡。很多弱毒株

　　（如 B$_1$、LaSota、F 株等）都被用來製造活毒疫苗。

5. Lancaster 型：

　　　　此型由弱毒株腸道感染引起，各雞齡的雞均無臨床症狀或病理變化，但可由感染雞的腸道及糞便中分離到病毒。

　　由於國內從國外引進了許多品種的雞，而且各種活毒疫苗的使用相當普遍，加上飼養密度高，所以表現出來的臨床症狀可說上述各型都有。強毒株的爆發流行，表現出來的可能也是混合型的症狀，常見食慾減退、呼吸困難、咳嗽、喘息、綠色下痢便、虛弱等症狀，在 4～8 日內衰弱死亡；殘存下來的雞會有肌肉震顫、斜頸及後弓反張的現象，偶爾發生腿、翼麻痺。常見的解剖病變是喉頭氣管到肺的分泌液增加，嚴重者甚至呈現出血病變，如消化道在腺胃腺體表面的出血、腸道的黏膜從出血到潰瘍斑，特別是有淋巴組織存在的區域，盲腸扁桃往往呈現潮紅甚至是潰瘍的病變；此外心臟的冠狀溝脂肪或內臟其他部位的脂肪組織會有針點狀的出血點。產蛋中的雞如果預防接種不夠好，或感染的毒株毒力太強，常導致產蛋率下降，甚至完全停止產蛋，或出現軟殼蛋、畸形蛋，其傷害的影響可長達 8 週。

㈤預防接種

　　國內預防本病的疫苗種類繁多，可說世界各國有的疫苗，國內幾乎都買得到。活毒疫苗從弱毒的 B$_1$、LaSota 到中間毒 TCND、可利旺等；死毒疫苗從傳統的鋁膠佐劑到目前的油劑疫苗。而活毒疫苗的投予方式有飲水、噴霧、點眼、點鼻以及皮下或肌肉注射，各種方式都有其利弊，然而不管使用活毒或死毒疫苗，最重要的是要注意到雞群的整體免疫，所以使用活毒疫苗時必須讓每隻雞能均勻獲得足夠的劑量；使用死毒疫苗時須搖均勻才注射。當然疫苗的使用注意事項很多，本文不擬詳細敘述，在此僅就小雞移行抗體高低與疫苗使用對抗體消

長的影響之試驗成績提供參考，見表 9–2～9–4：

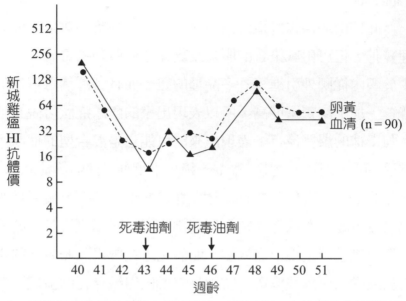

▶ 圖 9–2　實線部分為母雞血清之新城雞瘟 HI 抗體價，虛線部分為該群母雞所生的蛋，抽取蛋黃中之抗體所測得之 HI 抗體價，兩者大致呈現平行關係，亦即由母雞所生的蛋可了解母雞群的 HI 抗體價。

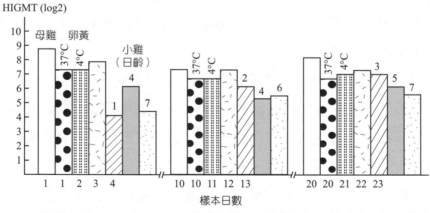

▶ 圖 9–3　蛋保存於 4 ℃ 或 37 ℃ 一週與新鮮蛋所測得之 HI 抗體價，與母雞或所孵出之小雞，其抗體價極為接近，意即測蛋的抗體，可了解小雞移行抗體的高低。

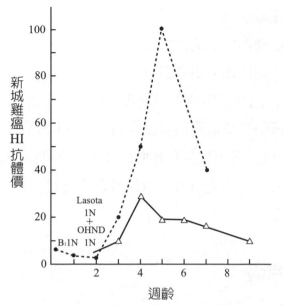

▶ 圖 9-4　低移行抗體小雞，先於 4 日齡以 B₁ 活毒點鼻，再於 14 日齡以 LaSota 活毒點鼻，同時佐以油劑死毒肌肉注射 (•-----•)；或僅在 14 日齡以 LaSota 活毒點鼻，同時佐以油劑死毒肌肉注射 (△—△)，所得新城雞瘟抗體的消長情形。

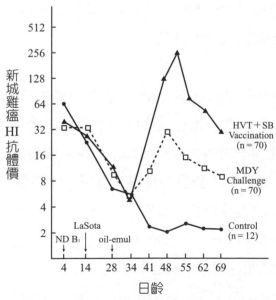

▶ 圖 9-5　馬立克病疫苗有預防接種與無預防接種之小雞，經相同之新城雞瘟疫苗接種後，新城雞瘟 HI 抗體的消長情形。

由以上試驗成績有下列的結論：

1. 種雞場可由雞群所生的蛋測定移行抗體標示於所孵出之小雞群。

2. 白肉雞要使用油劑死毒疫苗應在 4 日齡先以 B_1 活毒點鼻後， 於 14 日齡時再同時使用活毒與死毒，可得較佳之抗體價。

3. 有色雞之預防接種計畫還是以 4 日齡及 14 日齡活毒點鼻後， 28 日齡和 63 日齡各用油劑死毒肌肉注射，方可得健全之抗體保護。

4. 肉雞使用馬立克病疫苗後，對新城雞瘟疫苗使用後抗體的反應有極佳之影響。

9-3-2 馬立克病

馬立克氏於 1907 年報告多發性神經炎病例，病雞的末梢神經被侵害而發生腳麻痺。1960 年代常在病雞體內發現內臟型淋巴腫瘤，後來證實此病是由疱疹病毒引起的淋巴腫瘤，並於 1970 年代初即開發了世界上第一個可以預防腫瘤的疫苗。

㈠病因

馬立克病 (Marek's disease, MD) 是由疱疹病毒科之細胞依附性 DNA 病毒所引起， 此病毒在感染細胞的細胞核內不帶封套時大小為 85～100 nm，帶封套時為 150～160 nm；在毛囊附近完整的病毒顆粒大小則為 273～400 nm。致癌性病毒株為第一血清型 (Serotype 1)；非致癌性的馬立克病毒株為第二血清型 (Serotype 2)；從火雞分離出對雞無病原性的疱疹病毒 (turkey herpesvirus, HVT) 則為第三血清型，其中第二和第三血清型的病毒株常被用來作為疫苗。

㈡自然宿主

本病主要致害對象為雞，其他禽類雖也有測到抗體或分離到病毒

之報告，但其經濟上之重要性遠遜於雞。鵪鶉有自然發病的病例；人工感染雜雞可以發病；麻雀對感染有抵抗性；鴨可感染但不發病；哺乳類感染不成立。

(三)傳播

　　主要從病雞毛囊放出病毒，隨羽毛、皮屑、灰塵等飄浮空中，被其他的雞吸入而感染，所以此病為高度的空氣傳播性疾病，雞群感染率高，不過感染本病毒的雞不一定會發病。病毒從呼吸道進入體內，在肺部短暫發育後，即到淋巴臟器，諸如胸腺、脾、華氏囊等處發育，造成部分傷害，隨後就有毒血症的產生，使病毒分布到全身，特別是皮膚的毛囊。從感染到病毒在毛囊出現，大約是 10 天左右；也就是說，雞感染馬立克病毒後 10 天左右，就可再度由毛囊放出病毒，去傳播給其他雞隻。雞隻經過這段病毒增殖期後，是否會進一步進入細胞增殖期，導致產生腫瘤發病死亡，則跟雞的品種、雞本身的抵抗力（包括健康狀況及免疫能力的強弱）有關。抵抗力弱的雞，病毒增殖多，會使雞體內的淋巴球病變為癌細胞，繼而進入細胞增殖期，最後發病死亡。如果雞的抵抗力強，則病毒在雞體內維持低濃度而不致於產生癌細胞，不會有臨床症狀出現。

(四)臨床症狀

　　此病之初發日齡可早到 3～4 週齡，但實際上較多見的情況是發生在 2 月齡以後，而 150 日齡為發生的最高峰，一般則以 90～240 日齡間發生為多。潛伏期不定，有的 3～4 週，亦有至數個月者。

　　1.傳統型：

　　　　致死率不高，約 10～15%，一般翼神經及坐骨神經較易被侵犯。如頸部迷走神經被侵害時，會導致頭部下垂及斜頸，嗉囊會擴張且開口呼吸。翼神經被侵害時會引起翼下垂，較易發生的症

狀為腳麻痺、步行困難。翼及腳單側或兩側同時被侵害，可能呈現左右不對稱，一腳在前一腳在後，或呈犬坐姿勢。消化系統神經被侵害時會引起便祕或下痢。

2.急性型：

此型的致死率比傳統型為高，罹病率約 80%，而死亡率達 10～30%。病雞無精神、瘦弱、臉色蒼白或在無症狀的情形下急速死亡。目前臺灣發生的病例以本型居多。

㈤**解剖病變**

1.傳統型：

病變主要見於末梢神經及內臟諸臟器，在皮膚、肌肉、眼也會出現病變。一般內臟病變比神經病變出現的機率高。在野外所見末梢神經之肉眼病變以坐骨神經病變出現率較高，其次依序為頸部迷走神經、翼神經叢及分布於內臟的神經。正常末梢神經為白色，病變者則帶黃色、腫大、橫紋消失。

2.急性型：

內臟病變以肝、脾及腎之出現率較高，臟器失去其原有顏色，呈腫大，有白色腫瘤結節形成，在卵巢、肺、腺胃、心、肌肉、皮膚、腸管、胰、骨髓、腸繫膜、睪丸、虹彩、雞冠等其他部位也會形成病變。

㈥**預防與控制**

此病為世界上第一個可以用疫苗予以預防的癌症，馬立克病疫苗的效果，在於能抑制野外強毒株感染後形成淋巴腫瘤。一般馬立克病疫苗均接種於 1 日齡小雞，所以大多在孵化場接種，經接種後 1 週就會產生足夠的防禦效果，但在免疫力產生前，如被野外毒感染仍會發病。另外宿主方面的原因也會影響免疫效果，如小雞有馬立克病移行

抗體則會抑制弱毒馬立克病疫苗的效果，但是 HVT 疫苗則不論是細胞隨伴性或游離性，均不會受到影響。

　　以 HVT 疫苗免疫後，對強毒馬立克病病毒株的攻擊，其感染防禦能達 80～100%，即疫苗接種群的馬立克病發生率在 0～5%，此可謂疫苗效果的極限。此 5% 發生率的原因不外乎有疫苗接種及疫苗保存的問題、接種劑量不足、移行抗體干擾，野外毒株的強病原性、感染劑量與感染時間、雞華氏囊病毒的感染、馬立克病病毒變異株等因素。最近為了防禦變異株病毒，有以 SB-1 株（非腫瘍性馬立克病病毒，2 型）與 FC-126 標準型（HVT，3 型）混合之二價疫苗，因其具有相乘防禦效果，被廣為採用。另外有 CVI-988（1 型）與 HVT（3型），或 HPR5-16（1 型）與 HVT（3 型）的雙價疫苗被發展出來，也頗受歡迎。

　　在接種馬立克疫苗後，小雞如能在隔離的環境飼養一週左右才移入雞場，可使疫苗的效力提高。為使疫苗發揮更大的效果，甚至已有在種蛋孵到 18 日齡要移到孵化場 (hatchery) 前接種疫苗的做法。美國的肉雞業已有一半以上採用自動注射裝置，進行 18 日齡雞胎接種疫苗。

9-3-3 雞傳染性華氏囊病

　　此病由病毒所引起，多發生於中小雞，是華氏囊會發生病變的急性傳染病。此病傳播得很快，發生的雞群都有一過性之死亡率高峰。病雞耐過之後，顯得非常衰弱、增重緩慢，造成經濟上的重大損失。一般 2 週齡內的小雞感染後不致發病，但其華氏囊之淋巴組織會壞死，而使小雞的免疫能力受到永久性傷害。隨著其抗病力降低而容易患上其他疾病，並且對於其他疫苗接種後抗體產生之能力也欠佳，此乃本病受到重視的原因。

㈠病因

本病由雙股 RNA 病毒 (birnavirus) 所引起，病毒顆粒大小約 55～65 nm，無封套，所以對自然界抵抗力相當強，一般傳統消毒藥劑對它無效。本病毒到目前已知有第一血清型、其變異株，以及第二血清型。其中第一血清型除了會引起免疫抑制外，造成發病死亡的情況較嚴重，而變異型及第二血清型對雞的影響以造成免疫抑制較為重要。

㈡傳播

本病為極高度傳播性之感染疾病，感染後小雞會從糞中排毒 2 週。健康小雞被感染雞所排泄之多量病毒所感染，或經由汙染雞舍、飼料及飲水中接觸病毒後，病毒從消化道及呼吸道黏膜侵入而發病。病毒不會介蛋感染，雞舍間可由帶毒之人、車、麻雀等野鳥及害蟲所傳播，其他如蛆蟲、飼料中之蟲類也是帶毒媒介。

㈢臨床症狀

在臨床上我們可見到病雞下痢、啄肛，因此肛門周圍常呈潮溼並沾黏髒物，雞舍的墊料也顯得較為潮溼，雞群很快地在一、二天內普遍地精神萎靡。由於本病最常發生在 3～6 週齡的雞，偶爾也會有下鮮血便的病例，因此常被誤認為球蟲病，必須區別診斷。

㈣解剖病變

本病解剖檢查可見到三種特徵性的病變，最常見的是華氏囊的炎症反應。在感染後 3 天，華氏囊因發炎可腫大到 3～5 倍；感染後 5 天大致又恢復為正常大小；感染後 8～9 天，華氏囊常可萎縮到比正常小，有時只有正常的 $\frac{1}{3}$～$\frac{1}{2}$ 大小。所以在同一群雞同時解剖數隻病死雞，比較其華氏囊的大小，可見到大小不等、差異很大的華氏囊。第二種常見的病變是腎臟腫大、尿酸沉著。第三種病變是胃腸道和肌肉的出

血斑，包括腺胃的出血，很容易和新城雞瘟混淆，應仔細區別診斷。

㈤**預防與控制**

　　本病並無治療藥物，發生的雞場應徹底注意衛生，使用福馬林（甲醛）及碘素複合物消毒。

　　對本病之預防有活毒疫苗及油質不活化疫苗二種。其方法是對小雞接種，給予小雞主動免疫，或是對種雞接種活毒或死毒疫苗，經由移行抗體保護小雞。活毒疫苗又有弱毒疫苗及中間毒疫苗之區別，使用中間毒疫苗是為了突破高移行抗體之干擾作用，應小心依照疫苗說明書使用，以免疫苗本身造成華氏囊之損傷。

　　對症療法可以減少死亡率，例如：如果病死雞剖檢時發現腎腫大、尿酸增加的情形明顯，則可在雞群飲水添加 0.1% 之小蘇打 （即一噸飲水加 1 kg 之小蘇打） 繼續給喝 2～3 天；為加強腎小管之復原及減少出血，可在飲水內加強維生素 A 及維生素 K。又因為本病發生會產生免疫抑制現象，對於其他傳染病（如新城雞瘟），應加強免疫接種。夏天墊料潮溼容易爆發球蟲病，因此在本病發生過後的恢復期，應注意有無球蟲病發生，但需注意在投予球蟲藥前看雞群腎腫大、尿酸增加的病情是否已改善，否則反而會增加死亡率。

9-3-4 傳染性支氣管炎

　　雞傳染性支氣管炎 (infectious bronchitis, IB) 是傳染性很強的急性呼吸道疾病，小雞被感染後除了呼吸症狀外，其輸卵管有可能會發育不全，造成以後不產蛋或產畸形蛋；產蛋雞感染後會引起產蛋率及蛋的品質降低，有些病毒株除了引起呼吸症狀外也會引起嚴重腎炎而提高死亡率。

㈠病因

本病由冠狀病毒所引起，本病毒為多型性，有封套，大小介於 90～200 nm，因封套表面有許多長約 20 nm 之棒狀突起排列成冠狀而得名。本病毒對自然界抵抗力並不高，處在 56 °C 的環境中 15 分鐘，或在 45 °C 的環境中 90 分鐘，即失去感染力。本病毒最大的特色在於有許多的血清型，各血清型之間的交叉保護不良。本病毒的多變性，對本病的防疫增加了許多困擾。

㈡自然宿主

雞和雉雞為自然感染的主要對象，由雞分離的傳染性支氣管炎病毒 (infectious bronchitis virus, IBV) 以噴霧感染火雞無法引起發病。

㈢傳播

雞由呼吸道吸入病毒而感染，點眼經口也可感染。病雞的口、鼻、眼分泌物以及糞便內均可能含有病毒，本病毒在雞群內傳播相當迅速，有報告顯示其可由空氣傳播到 1 km 外的雞群，但由一雞群傳播到另一雞群最有可能的途徑還是受到汙染的糞便及新雞群的引進。傳播迅速及潛伏期最短為本病之特徵。

㈣臨床症狀及解剖病變：

1.小雞：

感染雞在短暫之潛伏期後發病。小雞會伸長頸部、張口呼吸，呼吸時有泡沫音、輕度噴嚏、流鼻涕等症狀。呼吸症狀出現 2～3 日後無精神及食慾不振而死亡，平均死亡率有 25%。在 2～3 週時若感染本病，會因卵管發育不全或閉塞，至成雞時無法產蛋。

2.中雞：

有明顯的開口呼吸症狀，同時因氣管內分泌多量的黏液，以致發出氣管囉音，並因排出氣管內的黏液而不斷擺頭噴嚏或咳

嗽，此時已不再流鼻涕，但呼吸症狀仍延續 7～14 日，其間在 2～6 日最為顯著。在呼吸症狀出現 1～2 日之後，病雞精神消沉、食慾欠佳、無法站立，此時會排出黃白色或綠色下痢便，並持續 3～4 日。有時排出水瀉樣下痢便，症狀愈重下痢愈劇。

3. 蛋雞和種雞：

　　產蛋中的雞，有時會發生極嚴重的呼吸症狀。又因重病，常見輸卵管內所停留的卵黃或卵白變成像沒煮好的雞蛋一樣的形狀，被排出體外。在呼吸症狀及食慾減退之後，產蛋率會急速下降（如有 70～80% 的產蛋率會降低至 20～30%），並出現軟蛋或畸形蛋，然後開始停產。產蛋的恢復依不同個體而有差異，但整個雞群的產蛋率卻無法恢復到以往的狀態，且在產蛋上對老雞的影響又比新雞更激烈。發病後大部分的雞會換毛，並且會在產蛋的恢復期產出極有特徵的畸形蛋，如薄殼、粗殼、大型、小型、細長、彎曲、欠卵黃、卵白混濁稀薄等。由於病雞不是終身不下蛋就是產生一些異常蛋，對經濟上之損失甚大。

4. 腎炎型：

　　由傳染性支氣管炎病毒感染發生之腎炎型病例，在臺灣多見於肉雞，偶爾蛋雞也會發生。一般發生於 4～12 週齡雞，而以發生在 4～7 週齡肉雞較多。本病之主要症狀是在病毒感染後 24 小時，發現病雞有輕微呼吸症狀，有時很難聽到呼吸異常聲，此後排出水樣性下痢便，並挾帶灰白色尿液。病雞精神萎靡，垂頭垂翼，腳部有脫水現象，又肛門排便甚繁，被灰白色尿液沾汙。病雞發病 6 日後會引起嚴重的腎炎而致死，其死亡率之高低，依感染病毒之強弱及移行抗體量有所差異，一般為 2～50%。

5.氣管病變：

　　氣管內壁比健康者白、增厚、水樣黏液增加，又雞傳染性喉頭氣管炎及新城雞瘟病例者，氣管黏膜的充出血較多，但本病較為少見。

6.卵巢的病變：

　　將強烈出現呼吸症狀的蛋雞予以剖檢，即能見到卵胞膜的充出血（血腫卵胞），卵胞之軟化（不成形）及破裂。

7.腎病變：

　　本病主要使呼吸器官遭受損傷，但有時呼吸器官變化較輕，反而是腎炎較重，即腎實質的嚴重腫大、輸尿管內的尿酸沉著。

8.腹腔的病變：

　　4週齡以下的小雞被病毒感染後，進入產蛋期尚不會下蛋，此種病雞在外觀上很難與正常雞區別。在剖檢時，可見卵胞有正常的發育，但卵胞被排出於腹腔內，因此腹腔被卵黃所沾汙，此為輸卵管的發育不全，排卵時失其卵胞出口處所致。

㈤**預防與控制**

　　對傳染性支氣管炎之控制，應以預防為主。疫苗有活毒疫苗、不活化油質疫苗與不活化氫氧化鋁膠疫苗。傳染性支氣管炎之活毒疫苗接種後，可能誘發黴漿菌或大腸菌等細菌之複合感染，因此要加強衛生管理，同時要用適當的抗生素防治。

　　對腎炎型傳染性支氣管炎，因本病毒之多變性，各地的病毒株有差異，目前較少有廣泛地區均可使用之疫苗，自家疫苗之開發有其必要性存在。

9-3-5 傳染性喉頭氣管炎

本病是由疱疹病毒所引起雞的急性傳染病。歐、美、澳等地區都有本病發生，國內於 1979 年在岡山地區首度被證實有本病之爆發，隨即散布全臺各地，目前在冬天常有散發病例。

㈠病因

疱疹病毒為具封套的 DNA 病毒，其完整顆粒直徑達 195～250 nm，對自然界及消毒水的抵抗性不強，死雞在 48 小時以上就可能沒有活病毒存在。不過本病毒在活雞體內常呈持續性感染，有保毒達 2 年以上的紀錄。

㈡傳播

本病自然感染方式是病毒從呼吸道及結膜侵入，而病毒可在雞體內呈持續感染，因此這些雞就成為新進場雞隻之感染源，或被移動到非流行區時變成感染源。另外健康雞隻也可與病雞之眼鼻分泌物及其汙染之飼料飲水接觸而感染，由野鳥和昆蟲媒介本病的可能性也存在。本病不會介蛋傳播。

㈢自然宿主

雞、雉雞、孔雀均有感染發病之報告。雖然各年齡的雞均可感染本病毒，但愈小的雞感受性愈低，因此常在大雞出現臨床症狀。國內白肉雞很少發生，本病主要發生在有色肉雞、蛋雞和種雞。

㈣臨床症狀

感染本病毒的雞在臨床的表現可分成甚急性型、急性型、溫和型（或稱慢性型）及無症狀型。臨床症狀的嚴重程度除了和感染病毒之毒力強弱有關之外，受緊迫因素的影響也很大，諸如天候、其他疾病

之共同感染以及經營管理之不當等，其中天候影響較明顯的是寒流、日夜溫差大、霧氣或溼氣重等，因此本病在冬天發生比在其他季節多。管理不當的緊迫如過度密飼導致雞舍內氨氣較重、雞舍太過靠近馬路經常過於吵雜等，都容易使疫情加重。

　　甚急性型及急性型的症狀有流鼻水、溼性囉音、咳嗽、喘息，隨後呼吸困難、開口呼吸、咳出帶血黏液等，死亡率可達 5～70%（平均 10～20%）；溫和型則會生長遲緩、產蛋下降、眼淚增多、結膜炎、眼窩下竇腫大、持續流鼻水，發病率低於 5%，病程可拖數週。

㈤解剖病變

　　主要發生在氣管和喉頭之炎症反應，由早期的黏液增加到末期黏膜的充出血壞死，炎症可擴展到支氣管和肺，結膜和眼窩下竇之充血水腫，慢性病例氣管黏膜可見脫落上皮和炎症滲出液形成之偽膜，病理切片在氣管黏膜上皮細胞或肺支氣管上皮細胞有核內包涵體。

㈥預防與控制

　　本病並無治療之方法，只能使用活毒疫苗預防。由於愈大的雞對本病毒之感受性愈大，所以疫苗通常在 5 週齡時使用較普遍，在流行疫區最早也在 2 週齡時才使用 。因為本病毒經眼與經鼻較易感染成立，所以疫苗最好以點眼或點鼻投予。本疫苗與新城雞瘟及傳染性支氣管炎病毒間有干涉現象，所以要使用本病活毒疫苗時，最好與使用該二種病之活毒疫苗間隔一個禮拜，不可同時混合使用。

　　本病的致死主因之一是喉頭氣管黏液太多或太濃稠，以及可能發生細菌二次感染，因此可使用祛痰劑降低發病雞群之死亡率，例如飲水投予 1000 倍的氯化銨 (NH_4Cl) 及適當的抗生素。

9-3-6 雞腦脊髓炎

　　雞腦脊髓炎 (avian encephalomyelitis, AE) 又稱為流行性震顫，為一種病毒性傳染病，主要引起小雞的神經症狀，諸如運動失調、震顫、頭頸扭曲等，及產蛋雞的產蛋率、受精率、孵化率下降。本病還可藉蛋傳播，引起小雞發病。

㈠病因

　　由腸病毒所引起。本病毒很小，只有 20 nm 左右，沒有封套，所以對自然界的抵抗力很強。本病毒進入雞體內後，有親腸道性 (enterotropism) 及親神經性 (neurotropism)，也就是喜歡在腸道和神經增殖。

㈡傳播

　　本病可介蛋及水平傳播，感染的母雞所生的蛋帶有病毒，而這種蛋大多可孵出小雞，其中很多小雞在孵出不久（通常 11 日齡以內）就發病。水平傳播主要是感染雞的糞便帶有病毒，受其汙染的飼料飲水被其他雞吃進去而感染；而人、車、蛋箱、雞籠、蒼蠅或其他器具及昆蟲也可將這些帶有病毒的糞便帶到其他雞群而散播本病，水平傳播以經口感染為主。

㈢自然宿主

　　雞、雉、火雞和鵪鶉均可感染發病和部分死亡。

㈣臨床症狀

　　6 週齡以內的雞感染本病毒才會出現神經症狀，神經症狀主要有共濟失調、運動失能、犬坐狀、側臥作划水狀、頭頸扭曲、肌肉震顫，特別是頭頸的震顫較明顯，在逼迫其運動時震顫會更明顯。發病的小

雞常跟不上雞群，沒發病的小雞甚至還會排隊輪流踐踏這些病雞，所以發病的小雞可能會因運動失調、吃不到飼料和水而餓死，或可能被踩死。發病率 40～60%，死亡率可達 25% 左右。沒有死亡的雞在發病恢復後常有眼睛單側性白內障；6 週齡至產蛋前的雞隻若感染本病毒，通常呈不顯性感染，不出現臨床症狀；產蛋雞感染則其產蛋率、受精率及孵化率會顯著下降。

㈤解剖病變

本病之病死雞解剖檢查常無法看到特徵性病變，各臟器都正常，所以診斷本病常需依賴組織病理切片顯微鏡檢查，主要會有腦細胞（神經元，neuron）呈中央染色質溶解 (central chromatolysis)、小腦浦金氏細胞 (Purkinje's cell) 的退行性變化及壞死、腦內血管周圍淋巴球圍管現象 (perivascular cuffing) 及神經膠樣變性 (gliosis)，還有許多臟器組織有淋巴球之浸潤。

㈥預防控制

種雞在 10～15 週齡時口服本病之活毒疫苗，產蛋開始時確認一下雞群是否有足夠之抗體，如抗體不足可再用本病之死毒疫苗補強注射，種雞有好的抗體，所生的小雞就不會發生本病。另外種雞在使用活毒疫苗時，其附近最好不要有 6 週齡以下的小雞，太小的雞若感染本病之活毒疫苗，有時也會有小部分發病的情形發生。

9-3-7 禽痘

禽痘 (fowlpox) 由痘病毒 (poxvirus) 引起，特徵為表皮的短暫性發炎和增生過盛，毛囊有細胞質內包涵體，最後在退化的表皮細胞形成痂皮和上皮脫落，有些病例會在口腔和食道氣管內形成白喉樣偽膜。

㈠病因

本病毒在雞、火雞、鴿和金絲雀引起的經濟損失較受重視。個別病毒彼此在抗原性和免疫學上雖有某些程度的不同，但也有某些程度的相互關係存在，以表 9–4 可約略看出彼此間的關係，例如由表可得知火雞痘病毒和雞痘病毒非常相似。

▶ 表 9–4　個別病毒在抗原性和免疫學上的相互關係

病毒	接種禽類 接種方法	1 日齡雞		成雞		火雞		鴿		鴨		金絲雀	
		皮膚	靜脈	皮膚	靜脈	皮膚	靜脈	皮膚	靜脈	皮膚	靜脈	皮膚	靜脈
金絲雀痘		+	0	+	0	+	0	+G	+G	+	0	+D	+D
火雞痘		+G	+G	+	+G	+	+G	+G	+G	+	+G	0	0
雞痘		+G	+G	+G	+G	+	+G	+	+	0	0	0	0
鴿痘		+	0	0	0	+	0	+G	+G	0	0	0	0

註：0：表示完全沒有病。
　＋：表示接種之局部有結痂反應。
　+G：表示有局部及全身發病反應。
　+D：表示發病反應後死亡。

㈡傳播

病雞汙染過的器具與受傷或脫皮的皮膚可經由接觸傳播病毒，受汙染的雞籠器具若沒經過清洗消毒或日曬，病毒可存在很長的時間。

家蚊屬 (*Culex*) 和斑蚊屬 (*Aedes*) 的蚊子可作機械性的傳播，也就是蚊子叮咬病雞後，病毒可存於蚊子體內一段時間，在這段期間內若蚊子再叮咬其他雞隻即可傳播本病。病毒在蚊子體內不增殖，但帶有病毒的蚊子並非叮咬一次即失去傳播能力，而是能保持傳染力達數週之久，所以夏天等蚊子多的季節本病發生較多。

㈢臨床症狀

　　由病變部分的分布大致可分為皮膚型及黏膜型，皮膚型乃結痂的痘疹發生在頭和腿、腳、肛門等無毛區域，黏膜型則在口腔、食道、鼻腔甚或喉頭氣管等形成白喉樣偽膜。皮膚型若無併發感染，死亡率較低；黏膜型則由於病雞會有攝食或呼吸困難，死亡率較高，嚴重時有達 50% 者。

　　此外病雞常有消瘦、飼料換肉率差、增重遲滯、產蛋率下降等症狀，病程常達 3～4 週。各年齡的雞均可感染發病。

㈣解剖病變

　　雞的嘴角、眼瞼和口膜最易被感染，其他無毛區，包括雞冠、肉垂、腿、腳等也常出現痘疹，最初為小黃色的疹點，隨後病變增大而成黃紅色或棕色之乾痂皮，痂皮若過早脫落可見到漿液性或膿性的發炎區。黏膜型則在口部、舌頭、食道、嗉囊或喉頭氣管看到黃色白喉性潰瘍的偽膜。

㈤診斷

　　對病變部位的組織切片，在毛囊上皮細胞可找到嗜酸性質內包涵體。由病變上皮的乳劑接種雞胚胎的漿尿膜 (CAM 法) 可產生白斑。

㈥預防與控制

　　改善雞場的環境衛生、減少蚊子的繁殖可減少本病發生。雞痘疫苗可應用於雞和火雞的預防接種 ， 以翼蹼穿刺或大腿拔毛塗擦法接種。夏天可在 2 週齡時接種，冬天可在 3～4 週齡時接種，種雞在產蛋前再補強一次較好。

9-3-8 雞產蛋下降症候群

雞產蛋下降症候群（egg drop syndrome 1976，簡稱 EDS-76）以產生褐色蛋、軟殼蛋及無殼蛋，以及產蛋率下降為特徵。

㈠**病因**

本病由腺病毒 (adenovirus) 引起，病毒大小約 76～80 nm，不具封套，在 56 °C 的環境中 3 小時，或在 60 °C 的環境中 30 分鐘就失去感染能力，對一般消毒藥敏感。

㈡**自然宿主**

自然宿主雖然是鴨和鵝，但主要致害對象則為產蛋雞，特別是接近產蛋週齡及產蛋中的雞對本病毒之感受性較高。火雞、雉、珠雞也具感受性。

㈢**傳播**

有三種主要的傳播方式，首先是介蛋傳播，母雞群感染，則所生的蛋孵出之小雞帶毒，但這些小雞到產蛋週齡病毒才明顯的增殖，並藉由排毒傳播。第二種方式是本病毒成為蛋雞群常在之病毒，而進行水平傳播。第三種方式是由水禽類，包括鴨、鵝、野鴨等帶毒、排毒而傳播。

㈣**臨床症狀及解剖病變**

本病的發生通常是由於突然的產蛋率降低、產下褐色蛋、薄殼蛋、軟殼蛋或無殼蛋而被發現。在國內發生者常伴有下痢或排出綠色下痢便，但並無呼吸症狀及死亡的情形。產蛋率降低及異常蛋的產生約持

續 4～10 週，其中產蛋率降低由少數至 50%。一般種雞在進入雞蛋生產高峰時發生本病，亦即多發生於 25～35 週齡的蛋雞或種雞，產蛋率降低 6～25%，破蛋數異常增加且蛋重減少。

本病在肉眼上並無顯著病變，但產蛋停止或生產異常蛋殼的雞，有輸卵管萎縮的現象。輸卵管漏斗部之黏膜及皺壁有水腫性腫大，感染 3 日後子宮部變鬆弛，黏膜的水腫亦較明顯（12 日），尤其在感染後 14～16 日子宮黏膜皺壁的水腫更為顯著，內部可見白色滲出物。

脾也會腫大，表面呈赤白斑紋，又在產蛋停止或產出軟殼蛋及無殼蛋時期的病雞卵巢有卵胞軟化不成形、卵黃變色溶解、產生出血卵胞等症狀。也會有軟殼蛋或無殼蛋墜落腹腔，以致發生腹膜炎者。

㈤預防與控制

為防止水平感染，在孵化時應將感染種雞群的種蛋與健康雞的種蛋分開孵化，未受汙染的小雞應先行發送。

本病之預防有油質死毒疫苗。本疫苗可肌肉接種 14～18 週齡雞。因臺灣已普遍發生本病，蛋雞和種雞應接種疫苗以預防本病發生。

9-3-9 家禽流行性感冒

家禽流行性感冒 (avian influenza, AI) 又稱禽流感，是由正黏液病毒 (orthomyxovirus) 群的 A 型流行性感冒病毒引起的感染或疾病。由世界各地的家禽和野禽分離到的禽流感病毒，依病毒表面抗原（HA 和 NA）又可分為很多種亞型，從禽類身上可分離到哺乳類血清型的禽流感病毒，而從哺乳動物也可分離到禽類血清型的禽流感病毒。直至目前已從國內的鴨、雞及候鳥分離到數十株禽流感病毒。

早在 1878 年，義大利就曾報告由強毒的禽流感病毒引起雞高死亡

率的疾病，當時稱之為雞瘟 (fowl plague, FP)。到了 1901 年，該項病原被證明為濾過性病毒。直到 1955 年，才證實此雞瘟病毒是屬於 A型流行性感冒病毒。在 1955 年以前，分離到此類雞瘟病毒的分離株有四株（Brescia strain, Dutch strain, Alexandria strain 及 Rostock strain），它們的 HA 抗原都屬於 H7，這四株病毒都有很強的毒力，可以對雞、火雞和其他禽類引起高死亡率。世界上曾報告發生過雞瘟的地區包括北美洲、南美洲、北非、中東、遠東、歐洲、英國和蘇俄，不過 1955年以後就很少有雞瘟發生的報告。在 1971 年美國俄勒岡州發生低死亡率的禽流感流行，其分離到的禽流感病毒，表面抗原為 H7；而 1949年在德國從雞分離到強毒力、引起高死亡率的禽流感病毒，其表面抗原為 H9；1984 年美國賓州由雞分離到的強毒株其表面抗原則為 H5。雖然傳統的雞瘟病毒表面 HA 抗原都是 H7，但似此 H7 抗原的禽流感病毒不一定就有強毒力；而有強毒力的禽流感病毒又不一定都具 H7。所以，在 1981 年國際家禽流行性感冒會議中決議，今後不再使用「雞瘟」這個名詞，將它變成歷史。

㈠病原

家禽流行性感冒病毒屬於正黏液病毒科 (*Orthomyxoviridae*)，它是中等大小、多型性 RNA 的病毒，它的封套上具有血球凝集素 (hemagglutinin) 及神經胺酸酶 (neuraminidase) 兩種抗原。流行性感冒病毒可由病毒內部核蛋白抗原及實質抗原區分為 A、B、C 三型，B、C 二型主要發生在人（曾有從豬身上分離到 C 型病毒的例外），而 A型病毒則從多種動物身上都常分離到，包括人、豬、馬、家禽，偶爾也可從其他哺乳類動物身上分離到。A 型病毒依其表面的 H 抗原和 N抗原又可分成很多亞型，已知 H 抗原有 13 種，N 抗原有 9 種。世界衛生組織統一了禽流感病毒株的命名方法，依序標明：型別、分離動

物種別、分離地名、病例編號、分離年代、H 抗原及 N 抗原性質。例如 1968 年在安大略 (Ontario) 地方的火雞分離到的 A 型禽流感病毒株，其名稱標示為 A/ty/Ont/6118/68/(H8N4)。

在以往分離到的禽流感病毒中，H5、H7 和 H9 的病毒株有高毒力，對雞和其他禽類可引起高死亡率，它們包括 A/ch/Scot/59、A/tern/S. Afr./61、A/ch/Germany/N/49。而有些病毒株只對一種禽類具有強毒力，例如 A/ty/Ont/7732/67 只有對火雞可引起 100% 死亡率，而對其他禽類毒力就很低。

㈡自然宿主

1.雞：

最近一次大流行發生在 1983 年美國賓州，由 H5 的禽流感病毒引起。在此之前，1975 年阿拉巴馬州也曾由禽流感病毒與其他病原共同感染引起雞高死亡率。1978 年明尼蘇達州蛋雞流行本病，雖然死亡率低，但產蛋率卻受到嚴重影響。雖然有這幾次的禽流感流行，但禽流感病毒並不容易從美國雞群分離到，反而在鴨群和火雞群才是常客。1976 年澳洲有一處養鴨場附近的雞群爆發了類似雞瘟、高死亡率的禽流感；1959 年在英國也曾發生類似雞瘟的流行。1970 年代初期在蘇俄雞群禽流感流行分離到的病毒，其表面抗原有 H3N2、H5 和 H7。其他曾報告由雞分離到禽流感病毒的國家有法國、義大利、比利時、以色列、香港、臺灣。

2.火雞：

在北美洲，火雞是最常爆發禽流感的禽類。從 1962 年加拿大首先報告火雞禽流感的流行之後，在美加的火雞群就常受到禽流感病毒的侵擾，而其病毒的 H 和 N 抗原在各次的流行病毒亦常改變。除了美加地區外，英國的火雞也發生過數次的禽流感流行。

3.鴨：

　　鴨是各種禽類中最常分離到禽流感病毒的，各品種的鴨都常可分離到本病毒，不過真正發生高死亡率的病例並不多。

4.其他禽類：

　　珠雞、鵝、鵪鶉、雉、鷗鴿、白頭翁、鸚鵡、長尾鸚鵡、海鷗和其他海鳥都曾分離到禽流感病毒。

5.其他動物：

　　從海豹、豬、雪貂、貓、貂和人類都曾分離到禽流感病毒。

㈢**傳播**

　　確切的傳播途徑很難確定。由於病毒株的變異很大，感染禽類的種別又多，有些病毒株的傳播很迅速、有些則相當慢。例如有些毒株在火雞間傳播，當火雞養在同一房間內，放在地板上的火雞可彼此傳染，而養在一公尺高籠子內的火雞則不受感染；然而有些毒株則只要在同一環境，很快就會彼此傳染。

　　1925 年 Beaudette 將雞放在距離雞瘟病雞 15 公分至 5 公尺的地方飼養。結果這些雞並沒有發生雞瘟；他也試著將雞關在養過雞瘟病雞的籠子（只把雞瘟病死雞移走而未消毒），結果也沒發病。但是這個試驗只說明了本病傳播的多變性而已，並不能排除人員、車輛、器具等傳播本病的可能性。

　　本病介蛋傳播的可能性很高，由孵化的火雞蛋和剛孵出的小火雞可以分離到本病毒。而另一個重要的傳播途徑是由飛鳥傳播，特別是隨季節遷移的候鳥和海鳥。

㈣**症狀**

　　隨病毒株、種別、年齡、性別、環境及是否有共同感染等因素，症狀的變異很大，從以往病例見過的臨床症狀包括抑鬱、食慾減退、

消瘦、增加抱孵慾、產蛋率下降或停止、輕度到嚴重的呼吸症狀、咳嗽、流鼻涕、囉音、流淚、擠到一堆、羽毛蓬鬆、鼻竇炎、頭臉的水腫、無毛皮膚發紫、神經症狀及下痢等，以上症狀在個別發生的流行中，可能單獨出現，也可能見到多項症狀，也有許多病毒株根本就不會出現臨床症狀。

雞瘟的特異症狀也有相當差異，通常是突然暴發、遲鈍、失去食慾、羽毛蓬鬆、產蛋雞會停止產蛋，有些還沒見到任何症狀就突然死亡。常見呼吸、腸道以及神經系統方面的症狀，皮膚的發紺（變紫）和水腫也很常見。

此病的發生率和死亡率變異很大，有些病毒株很低、有些則很高。

㈤**解剖病變**

病情嚴重的病例包括雞瘟，首先在皮膚、雞冠、肉垂會有充血、出血壞死的病變，隨著病程的進行，其他臟器會出現病變，在如肝、脾、腎、肺出現黃灰色小壞死灶，氣囊、腹腔、輸卵管有黃灰色炎症、滲出液及纖維素性心包炎，有些病例也有嚴重的心肌炎。而鼻竇炎（眼瞼腫大）在鴨、火雞、雞、鵪鶉、雉、鷓鴣都曾有報告。

㈥**診斷**

以病毒的分離和抗體測定來診斷本病，病毒分離通常以棉棒從氣管和泄殖腔分別取樣，經過去除雜菌的處理後接種雞胚胎，接種後死亡的胚胎取其尿液與 5% 的雞紅血球作用，如有血球凝集性則需進一步與新城雞瘟抗體血清進行 HI 試驗，如新城雞瘟抗體無法抑制其血球凝集性，則有可能是 AI 病毒，需進行病毒的同定及其表面抗原之測試。

抗體的檢查診斷可用免疫擴散法進行，因禽類流行性感冒病毒均屬 A 型，所以核蛋白抗原均同，可以利用它來進行免疫擴散法測試。

㈦預防與控制

　　沒有一個良好的方法可以控制本病，因其病毒的來源有介蛋、飛禽、人、車以及禽類的移動，所以預防病毒侵入、落實一般疾病預防的原則、與感染禽類進行隔離等，均是預防本病發生的要務。

　　因本病病毒遺傳基因的多變性，其病毒亞型在每次的流行也具多變性，所以疫苗的使用相當困難。可使用多價疫苗或在流行初期迅速分離病毒用來製造疫苗，供給本場與鄰近場預防接種。

　　由於從人和豬等哺乳類也曾分離到 AI 病毒，所以人類也是本病的傳播源，應注意此病在人畜共通的重要性。

9–3–10 鴨病毒性肝炎

　　鴨病毒性肝炎 (duck viral hepatitis, DVH) 是由病毒所引起的幼齡鴨高度致死性疾病，主要發生在 4 週齡以內的幼齡鴨。以傳播迅速、經過快，及引起肝的出血性病變為特徵。世界上大部分的養鴨地區都曾發生此病，國內亦曾分別在 1969 年及 1989 年發生二次大流行，造成重大的經濟損失。

㈠病因

　　目前已知有三種不同的病毒可以引起鴨病毒性肝炎。第一型鴨病毒性肝炎 (DVH type 1) 由微小 RNA 病毒引起；第二型 (DVH type 2) 由星狀病毒 (astrovirus) 引起；第三型 (DVH type 3) 也是由微小 RNA 病毒引起。第一型和第三型的病原雖屬同一病毒科，但二者之間無交叉免疫存在，也就是二者為不同的病毒。國內過去發生的是第一型的 DVH，因病毒很小，只有 20～40 nm，沒有封套，對自然界的抵抗力很強，因此這種病毒在受汙染的鴨舍可存活至少 10 週。

㈡自然宿主

只感染鴨，且只有小鴨，特別是 3 週齡以內的小鴨才會因病死亡。1 週齡的小鴨，第一型的死亡率可達 95%，第二型可達 50%，而第三型則死亡率很少超過 30%。

㈢傳播

病毒從受感染的鴨之糞便排出，其他的鴨再經口或經呼吸道受感染，因此傳播非常迅速。養鴨場的魚池中的魚也可成為帶毒者，使本病防疫更複雜。本病毒不介蛋傳播。

㈣症狀

病鴨首先跟不上鴨群，接著在短時間內便不再走動，眼半閉蹲著。不久小鴨倒向一側，二腳痙攣性地向後踢如游泳狀，死時頭常向後仰呈後弓反張姿勢，從症狀出現到死亡往往不到一個小時。1 週齡以內雛鴨死亡率可達 95%，3 週齡以內雛鴨死亡率可達 50%，而 4 週齡以上則很少死亡。

㈤解剖病變

主要病變為肝臟腫大，顏色似被熱水煮過的黃色，有多處點狀、斑狀到塊狀之出血；脾偶亦有腫大呈斑紋狀；腎也可能腫大、充出血。

㈥預防與控制

鴨群開始發病時，可給予每隻幼鴨肌肉注射 0.5 mL 的高度免疫血清以控制本病。在本病好發地區（如臺灣）應考慮予以種鴨疫苗接種，一般是以活毒疫苗在 4～6 週齡時接種一次，產蛋前再接種一次，然後每 6 個月補強一次，目的在利用移行抗體來保護幼鴨。小鴨的活毒疫苗預防接種不太實際，由於本病只會造成 3 週齡以內的小鴨死亡，因此如果剛出生就接種活毒疫苗，在主動免疫尚未產生時，感染強毒就可能死亡。本病的控制以被動免疫效果較佳。

9-3-11 鴨瘟（或稱鴨病毒性腸炎）

鴨瘟 (duck plague) 是一種鴨、鵝、天鵝的急性接觸傳染病，由疱疹病毒引起，主要破壞血管引起組織出血、體腔內有血、消化道黏膜出疹、淋巴器官病變、實質器官退化。

㈠病因

由疱疹病毒所引起，本病毒大小約 181 nm，具有封套，在 56 ℃ 的環境中 10 分鐘即可被不活化，但在室溫 (22 ℃) 下，本病毒在 30 天內仍具感染力。

㈡自然宿主

本病自然感染只限於鴨、鵝、天鵝。野鴨可感染，但常耐過而成帶原者，為散播病毒之來源。

㈢傳播

直接接觸傳染，或與受汙染之器具接觸亦可傳染。水禽生活在水裡，水的病毒汙染自然成為傳染源，一個水域在汙染病毒後，隨後引進新的鴨、鵝即易再發病，飼養密度高時傳播快，死亡率亦高。人工感染經口、鼻、靜脈、腹腔、肌肉、共泄腔接種均可感染，吸血蚊、蠅亦可傳播本病，野生水禽為帶毒者之可能性有，但未證實。

㈣症狀

種鴨群最先可見到的是死亡率突然增高並持續死亡。鴨死亡時陰莖脫垂，在死亡率正常時，鴨群產蛋率下降 25～40%，進一步可見鴨子懼光 (photophobia)、眼瞼黏糊狀半閉、食慾差、極渴、憔悴、運動失調 (ataxia)、羽毛蓬鬆、鼻分泌物、帶砂的肛門、水樣下痢、無法站立、翅膀和頭低垂，顯得虛弱、精神極差，逼牠走動時，其頭頸身可

能會顫抖。2〜7 週齡鴨會顯得脫水、失重、藍啄、肛門帶血，成鴨的死亡率比小鴨高。

㈤解剖病變

病變隨品種、年齡、性別及感受性感染病毒株而有些差異，病毒會破壞血管，使組織出血及體腔有血、胃腸道出現疹樣病變、淋巴組織病變。

組織出血包括心肌、內臟及腸間膜、漿膜層出血斑。心臟瓣膜出血亦常見。母鴨卵巢濾泡變形、出血變色，由卵巢出血後充滿腹腔；腸和肌胃內充滿血液；食道和腺胃交界之出血呈環狀；在食道、盲腸、直腸（共泄腔）等之黏膜，有特徵性疹樣之病變（綠色有浮渣樣壞死的屑樣病變），病變隨病情而變化。在食道共泄腔，這些病變常合在一起，尤其食道更和縱摺平行而成條狀病變，當病變密集時更有可能形成白喉樣偽膜。小鴨食道單獨病變的情況較少，反而有整個黏膜剝落的傾向。盲腸有黑點狀出血病灶，直腸通常集中在靠近共泄腔的地方，所有淋巴器官皆有病變。

脾可能會較正常狀況下小，有斑紋。胸腺表面及裡面有多數出血斑及黃色小區域，小區域被黃色透明液包圍，並滲到其周圍的頸皮下組織，這些病變在屠體檢查時易檢出，是重要檢查項目。華氏囊在發病早期呈紅色，其外部有黃色液體滲出，而使周圍恥骨腔被染色，切開可見黃色針點狀區分布在紅色表面。肝的病變最明顯，呈蒼白銅色，有針點狀出血及白色區域。病後期肝呈青銅色，使出血斑看不出來，但白色區域則更顯眼。不過不同年齡的病變有差異。

小鴨組織之出血性病變較少，而淋巴組織之病變則較明顯；成鴨的胸腺與華氏囊已退化，組織出血和生殖系的病變顯著。鵝腸的淋巴組織為盤狀而不成帶狀，故其病變就像鈕扣狀潰瘍。鵝腸的病變似鴨。

㈥預防與控制

國內仍無本病發生之報告，所以在進口水禽類時應特別注意檢疫，加以預防。在荷蘭有本病疫苗之生產與使用。

9-3-12 鵝病毒性腸炎

由病毒引起幼鵝之一種急性、高度傳染性疾病，病程短，發病率及死亡率高。本病過去在臺灣並沒有發生，直到 1982 年 2 月下旬，首次在中部地區發生，旋即大肆流行。依據臺灣省政府農林廳之統計，當時全臺有 16 縣市發生、共 34 萬隻以上的小鵝發病，而死亡的鵝超過 31 萬隻，死亡率高達 91.35%。本病之主徵為結膜炎、流鼻汁、下痢和脫毛。

㈠病因

小病毒 (parvovirus)，直徑約為 20～24 nm，是 DNA 病毒中最小的一種，對外界之抵抗力甚強。

㈡感受性

土鵝、獅頭鵝、白羅曼鵝及雜交種鵝均有感受性；齧齒類、牛、豬、犬、貓、貂和兔對本病毒亦有感受性；國內正番鴨曾有發生此病的報告，最近此病毒也從小鴨軟腳及短嘴的怪病中分離出來。

㈢流行病學

1. 主要是介蛋傳播，國內在 1982 年爆發本病，即是因自國外輸入孵化種蛋（1 日齡雛鵝）所引起。
2. 發病地區會經由空氣、飲水、直接或間接接觸造成水平傳染。
3. 成鵝（種鵝）不顯性感染，成為保毒者。

㈣症狀

1. 主要多發生於 45 日齡以下幼鵝，潛伏期短，約 1～3 日。
2. 病鵝初呈極度沉鬱、結膜發炎、流鼻汁、食慾差、不斷甩頭、縮頭蹲伏並排黃色下痢便。
3. 其後漸呈軟腳、側臥不動、食慾廢絕、結膜附著黏泌物，少數病鵝開口呼吸及呈扭頸狀，惡化者 24 小時內迅速死亡。
4. 一般小鵝發病後數小時內即開始陸續死亡，於感染後 3～4 日死亡最多，少有耐過者，耐過鵝則多有嚴重羽毛脫落的情形。
5. 成鵝呈不顯性感染，即不發病亦不會死亡，常為保毒者。

㈤解剖病變

1. 主要病變在腸管腔，以小腸腔中有纖維素性圓柱團塊物為特徵，腸道充血，腸黏膜可見壞死糜爛及出血斑。
2. 其他病變可見肝腫大出血點、脾胰充血、心肌變性、心冠狀溝脂肪組織充出血、心包炎、肺水腫、腺胃或肌胃黏膜充出血。

㈥防治

1. 病鵝無藥物治療，發生時最好撲殺，予以燒毀或掩埋，並徹底消毒。
2. 緊急防治措施：
   ⑴以耐過本病 4～6 週後之鵝免疫血清緊急注射小鵝。
   ⑵以活毒疫苗接種種鵝。
   ⑶養鵝戶及孵化場緊急消毒。
3. 平時對本病唯有預防一途：
   ⑴種鵝開始產蛋前 3 及 6 週各接種疫苗一次，其所產下的小鵝可獲較好保護。
   ⑵疫區小鵝注射血清。

種鵝有免疫者，在 2 週齡注射一次即可。

種鵝無免疫者，需在初生及 2 週齡各注射一次。

4.目前無商品化之疫苗及免疫血清。

9-3-13 雛白痢

是指家禽感染雛白痢沙氏桿菌 (*Salmonella pullorum*) 的疾病，在小雞和小火雞通常採急性全身感染的病程，而在成雞則為慢性局部性病程。人也能因吃進有此菌的食物而感染，導致突發急性腸炎，但有時不治療也可很快恢復。

本菌早在 1899 年首先被 Rettger 發現，他先稱此病為幼齡雞之致死性敗血症，後稱之桿菌性白痢。1932 年他報告本病廣布全美及許多國家，且小雞群死亡率可達 100%，損失慘重。

1928 年，Hewitt 首先發表火雞的病例，隨後有人認為本病是由病雞傳給火雞的，主要是因帶菌雞蛋和火雞蛋在同一孵卵器孵化而傳播。1940 年本病即廣布火雞群，引起嚴重損失。

㈠病因

雛白痢沙氏桿菌是細長的桿菌，大小約 $0.3\sim0.5\times1\sim2.5\ \mu m$，無運動性，不產生芽孢，為革蘭氏陰性菌。不同分離菌株間因所含抗原成分 12_1、12_2、12_3 的量有差異而有不同型別：標準型含少量的 12_2 抗原和大量的 12_3 抗原；變異型含大量 12_2 抗原和少量 12_3 抗原；中間型則介於二者之間。

▶ 表 9-5　抗原成分量和分離菌株型別的關係

	12_1	12_2	12_3
標準型 (standard strain)	+	+	+++
中間型 (intermediate strain)	+	++	++
變異型 (variant strain)	+	+++	+

　　本菌在乾布上有生存 7 年以上的紀錄，在汙染的土壤可保存毒力達 14 個月之久，在乾的環境比溼的環境可生存得更久。帶菌的蛋須煮沸 5 分鐘以上才能殺死此菌；20 °C 時，本菌即迅速在帶菌蛋的蛋黃增殖；10 °C 時，儲放 2 週菌才開始增殖；2 °C 時則菌數反而會略減。

㈡自然宿主

　　雞為自然宿主，火雞與感染的雞直接或間接接觸可能發病。對於其他禽類，此菌之重要性不大。死亡案例通常發生在 2～3 週齡的雞，成雞發生急性病程的病例較少。

㈢傳播

　　介蛋傳播在二十世紀初就已確認，帶菌雞會產帶菌蛋，有些帶菌蛋在孵化過程會成中止蛋，有些則可孵出。孵出的小雞有些會死亡，有些耐過長大而成帶菌雞，如此循環不息。

　　帶菌蛋在孵卵器 (incubator) 和孵化器 (hatcher) 中可將菌散布給其他的蛋，蛋殼汙染有菌糞便可使菌穿入蛋內，有啄蛋壞習慣的雞也會使本病難根除。

　　帶菌雞的糞便也是散播本病的主要來源，人車、飼料、飲水、器具汙染帶菌糞便很容易將病散布，本菌在乾的雞舍生存時間較溼的雞舍久。

　　本菌在蒼蠅的胃腸至少可生存 5 天。帶菌蒼蠅去沾飼料，或蒼蠅本身被雞吃都可傳播本病。

　　本菌經口、鼻、皮膚傷口以及泄殖腔感染都可以成立，所以人工授精時，若從頭到尾都使用同一支授精注射器，很容易將本病傳播給全場的母雞。

㈣症狀

1.幼雞和幼火雞：

　　　　如果小雞是從受汙染的蛋孵出的，孵卵器內可能就有瀕死的病雞，或孵出後不久就開始有病雞。病雞通常嗜眠、衰弱、沒食慾、突然死亡，有時在孵出後數天才開始發病。7～10 天後病雞增多，死亡率在 2～3 週齡時達高峰。

　　　　常見症狀是病雞喜歡擠在一堆、翅下垂、排便時有震顫的叫聲。因肛門內及周圍有白粉筆灰樣或帶綠褐色的糞便黏附堆積，排便較困難。有敗血症的病雞則有肺炎而呈現喘息、重呼吸等症狀。沒死的雛雞發育變慢，羽毛較少，常成為帶菌的傳染源。

　　　　近年來也常見有翼或膝關節腫脹的症狀，從這些關節可分離到純的本菌；也有站立不能、頭頸扭曲或震顫等神經症狀的病例，可從腦證明本菌之感染。

2.成雞：

　　　　通常不發生急性感染，有可能菌在成雞群存在很久仍無發現病雞，產蛋的帶菌雞會有產蛋率、受精率及孵化率變差的現象。帶菌雞對環境的突變抵抗力變低，天候和環境的突變可能誘發其發病死亡。

㈤解剖病變

1.幼雞和幼火雞：

　　　　最常出現病灶的器官依次是肝、肺、心、肌胃、盲腸，以壞死病灶為主，肺的病灶常伴有出血性肺炎，心肌的壞死灶有時大到使心變形。

2.成雞：

帶菌雞常見到變形、變色及囊狀的卵泡、腹膜炎及心包炎。急性死亡的成雞可見其消瘦，心臟灰白、有壞死結節而變大、變形，肝、脾、胰等有壞死灶出現，腎腫大，前述內臟可能有纖維素性浸出液。

㈥預防與控制

在飼料中添加磺胺劑、富來頓、抗生素等均可減低死亡率，但無法防止帶菌雞存在，且用藥久後有抗藥株之細菌產生，會使問題更複雜化。最佳的預防與控制方法是建立無本菌的種雞群，並在不會直接或間接與帶菌雞接觸的環境飼育其仔雞。

1.一般防止傳染病原介入雞群的原則，對本病均適用。

2.介蛋傳播是本病散布的主因，因此須從無病的雞場買種蛋。

3.孵化器每月用過之後均須清洗並以燻蒸消毒（福馬林加過錳酸鉀）。

4.已知無本病的雞群不可與不知來源的雞混飼，因為只要有一兩隻帶菌雞，即可迅速傳播全群。

5.要育成種雞群時，最好執行鄭清木博士所提倡的五次早期檢查法，亦即在 30～35 日齡、50～55 日齡、70～75 日齡、100～120 日齡及產蛋前的 150～180 日齡各執行全群種雞的全血平板凝集反應，凡出現陽性的雞立即淘汰。

9-3-14 慢性呼吸道病

最近十幾年來，國內養雞事業逐漸步入企業化經營的形態，飼養單位擴大、密集飼養的結果，造成雞場存在一些不易清除的疾患。其

中常見的慢性呼吸道病 (chronic respiratory disease, CRD) 便經常困擾著養雞業界。根據對於本病的抗體調查顯示，國內於 1966 年平均抗體陽性率在 20% 以下，1979 年有 37%，至 1982 年卻已達到 80% 以上，分布極為普遍。

㈠病因

　　引起慢性呼吸道病的病原菌是一種大小介於病毒與細菌之間的黴漿菌屬 (*Mycoplasma*)， 1935 年首先由 Nelson 從患有呼吸器病的病雞巢中發現一種球桿菌狀體，隨後繼續以發育雞胚胎和組織培養所分離的黴漿菌成功感染發病 ； 1943 年美國 Delaplane 及 Stuart 等亦發現類似本病的病原體，經過接種後，雞隻出現輕度慢性呼吸道病，於是將此病如此命名。 1952 年 Markham 等人以人工培養基從雞和火雞的呼吸道病分離到該菌，此後逐漸有更多研究人員投入家禽黴漿菌分離及分類之研究。1960 年 Edward 與 Kanareck 提議將之命名為敗血性黴漿菌 (*Mycoplasma gallisepticum*, MG)。

　　實際上黴漿菌屬有多種血清型，MG 是其中一種。多種血清型和菌株中，有的有病原性，有的則沒有病原性；有的感染雞會發病，但感染火雞卻不發病。家禽最常見的病原性黴菌有：

　1.敗血性黴漿菌 (MG)：

　　　　引起雞之氣囊炎和火雞之眼窩下竇炎，亦可自鵪鶉、孔雀、鴨或麻雀分離得到。

　2.滑膜黴漿菌 (*Mycoplasma synoviae*, MS)：

　　　　引起雞、火雞，甚至珠雞的關節炎和氣囊炎。

　3.火雞黴漿菌 (*Mycoplasma meleagridis*, MM)：

　　　　只感染火雞，引起氣囊炎。

　　這三種病原性黴漿菌均廣泛分布於世界各地，且陸續有發生的報

告。其中以敗血性黴漿菌引起雞的慢性呼吸道病，並複合感染其他細菌（如大腸桿菌、嗜血桿菌）或病毒（如新城雞瘟病毒、傳染性支氣管炎病毒等），為雞場帶來經濟上的損害最大，以下所談亦以慢性呼吸道病為主。

黴漿菌是能在不含有細胞的培養基內發育的最小微生物，能夠通過細胞濾過器，形態為多型性，發育培養中會變形。它們不具有細胞壁，因此對於 β-lactam 類抗生物質，如青黴素、安匹西林和頭孢菌素類等作用於阻礙細胞壁合成之抗生物質具有高度抗藥性。

㈡傳播

黴漿菌可介蛋傳染，或經由直接或間接的接觸傳染。感染雞所生的蛋形成帶菌蛋的比率隨著母雞的感染程度、感染時期不同而有很大的差別。黴漿菌在帶菌蛋中增殖會造成中止死蛋、啄殼蛋，或孵化出虛弱幼雛，並且成為傳染源。健康雞可經由與感染雞同居而感染，其傳染方式可由含有病原菌之鼻汁、噴嚏、塵埃、飼料、飲水、器具或人員等傳播。

雞舍的塵埃會對呼吸道造成刺激，增加呼吸道纖毛運動之負荷，減低呼吸道黏液黏附異物與細菌的作用，也因此降低了對疾病的抵抗力。塵埃又是病原微生物的攜帶者，大部分的病原體（如病毒或細菌）在動物體外很快就死了，但是當它們附著在有機質塵埃上時則會被保護，成為重要的傳染源。

雞舍在鋪墊料時，應儘量避免使用易於飛揚的物料，餵飼料（尤其粉狀料）以及走動時均應儘量避免造成塵埃飛揚。

㈢臨床症狀與解剖病變

一般而言，健康雞在感染黴漿菌後常不發病而成為不顯性感染雞，或僅有輕微之呼吸道症狀，但是環境中之緊迫因素（如密飼、氨

氣、塵埃等）或其他呼吸道病病原（如新城雞瘟病毒、傳染性支氣管炎病毒或大腸桿菌）存在時，這些刺激或病原微生物在呼吸道所造成的輕度炎症即會助長黴漿菌在呼吸道黏膜之增殖和危害，呈現或加重呼吸道症狀，提高氣囊炎的出現和病害的程度。

臺灣的雞舍常常由於糞便堆積，加上高溫多溼的氣候及通風不良的情況影響，使阿摩尼亞（氨）蓄留。阿摩尼亞為糞便分解的產物，當雞隻暴露於阿摩尼亞達到相當的濃度 (20～25 ppm) 時，雞隻即已受到干擾，進而影響呼吸道黏膜纖毛正常規律的擺動。動物在正常情形下會藉著這些纖毛的運動把肺和氣管內的塵埃、細菌等異物排出體外，而阿摩尼亞會使這些纖毛麻痺，使異物和細菌留於呼吸道，減弱雞的防禦功能，也增加病原體的感染。阿摩尼亞之影響如表 9–6 和表 9–7。

▶ 表 9–6　阿摩尼亞之影響㈠

阿摩尼亞的濃度 (ppm)	影響
15～20	人類嗅覺之最高敏感度
20～25	開始干擾雞的健康
25～35	呼吸道纖毛開始麻痺
50 或以上	增加對慢性呼吸道病、新城雞瘟等病之感受性，開始影響食慾；流眼淚、鼻汁、甚至造成眼炎、食慾減退、生長減慢、產蛋率下降，嚴重加強呼吸病之發生

▶ 表 9–7　阿摩尼亞之影響㈡

阿摩尼亞的濃度 (ppm)	影響（4～8 週齡）		
	飼料效率	氣囊感染 (%)	總感染 (%)
0	1.90	0	0.6
25	1.94	3.5	5.2
50	1.98	4.1	5.3

　　因此當雞舍裡可以聞出阿摩尼亞的刺激味時，就應該注意雞舍之通風和糞便之清潔等必要的措施了。

　　慢性呼吸道病之經過極緩慢，持續很久，有達一或數個月者。呼吸器症狀由輕微之張口呼吸、咳嗽、噴嚏、流淚、流鼻汁而逐漸惡化成鼻炎或鼻竇炎，鼻腔內充滿大量灰色之黏稠黏液，鼻甲骨與鼻腔黏膜潮紅腫脹，有時腔內有黃色乾酪狀凝塊，此時外觀有臉部之硬性腫脹。在氣管則造成氣管炎，支氣管內有黏稠性黏液，黏膜潮紅；在氣囊則由透明漸趨混濁肥厚，而後造成肉眼明顯可見之氣囊炎。病變主要發生在腹部氣囊、後胸氣囊和前胸氣囊，氣囊有乳白色滲出液或含有黃色乾酪樣凝塊，此情形在大腸桿菌混合感染時更為屬害，嚴重影響其呼吸功能之正常運行。蔓延至其鄰近之內臟組織將造成心囊炎和肝包膜炎，病雞至此已回天乏術。

　　雞在感染黴菌時，除了呼吸器症狀外，不時也會出現關節炎，尤其是當有滑膜黴漿菌感染時。

　　一般而言，慢性呼吸器病造成肉雞之最大損失，仍在於長期消耗肉雞之體能，使肉雞之飼料效率降低、造成不良之屠體品質；至於蛋雞和種雞則是產蛋率和蛋品質下降。

㈣預防與控制

　　對於黴漿菌的防治，基本上是清除病原、阻斷傳染徑路、減少緊迫因素、降低黴漿菌及其他細菌的複合感染，減輕症狀，減少病害和對生產性能之影響。

1.基本預防措施：

　　　　選擇由防疫良好，無敗血性黴漿菌或滑膜黴漿菌之種雞場、孵化場進雛，以防止介蛋傳染。避免混飼來源不同或雞齡不同的雞群，儘量採用統進統出的方式飼養雞群或隔離育雛舍和成雞

舍。徹底清潔、消毒雞舍和飼料、飲水器具。防止野鳥、動物出入並嚴格管制人員進出。避免密飼，例行清除糞便和更換墊料，減少塵埃、氨氣等緊迫因素，並且確實做好新城雞瘟及傳染性支氣管炎等疾病之防疫措施。

2.雞群之藥物處理：

　　一般而言，除了青黴素和頭孢菌素類以外，黴漿菌對大多數的抗菌物質或多或少都具有感受性，其中對林可黴素 (lincomycin)、觀黴素 (spectinomycin)、巨環內酯類 (macrolides)、四環素類 (tetracyclines) 和泰妙菌素 (tiamulin) 等有很高之感受性。常用的藥物有賜肥金 (Lincospectin)，為林可黴素和觀黴素的合併製劑、泰黴素 (tylosin)、紅黴素 (erythromycin)、四環素類 (tetracyclines) 和泰妙菌素 (tiamulin) 等。

　　預防黴漿菌感染之氣囊炎和合併感染大腸桿菌等細菌之複合性氣囊炎常用飲水投藥、肌肉注射或飼料添加的方式投藥。

3.泰黴素以每公升水泡 0.5 公克投藥 ；泰妙菌素以每公升水泡 0.25 公克投藥；紅黴素和四環素類等以每公噸飼料添加 110～220 公克投藥。巨環內脂類抗生物質如泰黴素、紅黴素對大腸桿菌等革蘭氏陰性菌合併感染之複合性氣囊炎的控制效果不佳。使用泰妙菌素時應注意，避免與聚醚 (polyether) 類抗球蟲藥合併使用，以免造成不良副作用。種雞可以採計畫性的長期投藥，以減少介蛋感染或配合種蛋處理作成無黴漿菌之雞群。

4.種蛋之處理：

　　種蛋可用福馬林燻蒸消毒，再以抗生素藥浴或注入卵內或用加溫處理，減少或去除介蛋感染。

⑴燻蒸消毒：種蛋或孵化室常用高錳酸鉀福馬林以 1～3 倍之比例

配合密閉燻蒸，以溫度 23～35 ℃、溼度 75～95% 最為有效。

⑵加溫處理：種蛋於孵化過程之 12～14 小時將溫度提高到孵化器內溫度達到 46.1 ℃，可殺滅卵中之黴漿菌，惟此種方法可能使孵化率降低 8～12%。

⑶藥浴或藥之卵內注入：將孵化中之種蛋 (37.8 ℃) 浸入 0.04～0.1% 之泰黴素或紅黴素之冷液 (1.67～4.44 ℃) 中 15～20 分鐘，可使抗生素滲入卵中，減少介蛋傳染；或以賜肥金 1.5～6 mg/0.2 mL 注入卵黃或氣室內，也可以有效地減少介蛋傳染。

5.疫苗的應用：

歐美國家均陸續開發死菌疫苗，以期用免疫方法控制黴漿菌症。R 株死菌疫苗已商品化，種雞於 16 週齡前注射劑量 (0.5 mL)，可減少介蛋感染，增加產蛋率。

9-3-15 雞傳染性鼻炎（可利查）

雞傳染性鼻炎 (infectious coryza, IC) 是以引起雞流鼻水、流淚、雙側性顏面和眼窩下竇腫脹，及以呼吸道病為主的急性傳染病。臺灣於 1964 年確認本病的存在之後，每年都有流行。本病發生後會使雞隻成長受阻、蛋雞和種雞之產蛋率驟降；其病程漫長，在雞群散發，且常與慢性呼吸道病併發而造成更大的損失。

㈠病因

由雞副嗜血桿菌 (*Haemophilus paragallinarum*) 所引起，為革蘭氏陰性菌、細長桿菌兩端濃染，有 A、B、C 三種血清型，國內所分離者以 A 及 C 型為主。

㈡自然宿主

雞和火雞均可感染發病。各年齡的雞均可感染，但大雞比小雞感受性高，因此本病較常在大雞發生，尤其產蛋中的雞症狀較為劇烈。

㈢傳播

本病的病原菌主要由病雞的眼淚和鼻涕排出，因此其所汙染的飲水經口鼻感染雞的上呼吸道，或由帶菌雞（發病中或恢復潛伏感染）直接或間接的接觸傳染。故在雞隻移動，或有新的雞移入雞群時常發生本病。

㈣臨床症狀及解剖病變

病雞流出水樣性鼻涕，臉部（尤其是眼下竇）腫脹。公雞多見肉垂腫脹、眼有結膜炎及流淚、由氣管發出囉音及開口呼吸、食慾減退、產蛋率降低、排綠色便，一般病程約 2 週，甚至有 4 週以上者，如與慢性呼吸道病併發症狀更為複雜。

主要病變多在鼻腔、眼下竇及氣管黏膜之卡他性炎症，肉眼上在鼻腔、眼窩下竇充滿水樣乃至黏稠液體，黏膜呈潮紅浮腫性腫脹，下顎部皮下組織有漿液浸潤。

㈤預防與控制

本病之預防有死菌菌苗之應用，國內該菌苗都由 A 型及 C 型菌混合製成，蛋雞與種雞使用菌苗，從小雞成長至產蛋前至少應有二次以上之預防接種效果才好，國內大的養雞場試用自家菌苗（亦即將自己場分離的菌加入菌苗，自己場使用）效果更佳。

治療上使用磺胺劑和抗生素，有相當的治療效果。但常常是添加藥物時病情好轉，停止用藥時病又復發，而且容易有抗藥性的問題出現。所以最好能分離病原菌，立即作藥劑感受性試驗，來找出便宜又有效的藥品使用，達到經濟與療效上的雙贏。

9-3-16 家禽霍亂

家禽霍亂 (fowl cholera) 是由巴斯德桿菌引起的家禽傳染病。在火雞常呈甚急性，且傳播迅速，可能在數日內使整個火雞群死光。國內本病主要發生在蛋鴨、種鴨和近成熟的肉鴨，引起急性敗血症而導致大量死亡；在雞群則於大雞採散發性急性暴斃，或在蛋雞採慢性病程發生。在國外鵝群有急性敗血症大量死亡之報告，但國內鵝隻少見本病。

㈠病因

巴斯德桿菌為革蘭氏陰性短小桿菌，兩端濃染。本菌的野外強毒株一定帶有莢膜，分離菌在人工培養基繼代數代後，如失去莢膜，則有可能也失去致病力。

㈡自然宿主

雞、火雞、鴨、鵝為本病主要發病的對象，但觀賞鳥類、動物園的禽類和野鳥也都有感染發病的紀錄。接近性成熟的禽類對本菌感受性較高。

㈢傳播

本病如何傳入雞群很難判定。可能經由買進新雞、將新產蛋雞加入老雞群，或可能是有帶菌的慢性家禽霍亂病雞。飛鳥也是可能的病菌來源，介蛋傳播的情況則極少見。從豬、貓分離到的巴斯德桿菌對禽類有高度病原性；小白鼠和老鼠也可能是本菌之傳播源。

此病在一雞群內的散布方式主要是靠口鼻、眼之排出物汙染飼料和飲水，糞便內則很少含有本菌。

㈣症狀

1.急性：

　　　僅在死亡前數小時出現症狀，除非在這段期間內觀察到，否則只能在看到死雞時才得知有本病存在。症狀有高熱、厭食、羽毛蓬鬆、口有黏液分泌、下痢、呼吸速率上升、死亡前會有發紺，尤其在無毛的頭冠、肉垂等部位。

2.慢性：

　　　急性病例若沒死亡則會轉成慢性。症狀通常發生在局部，如肉垂、鼻竇 (sinus)、腳或翅膀關節、足掌、胸骨囊等之腫脹。有時由於感染腦膜而呈頭頸彎曲，呼吸道感染而有氣管囉音、呼吸困難。慢性病雞可能恢復，也可能久病而死。

㈤解剖病變

1.急性：

　　　肉眼病灶和血管破壞性有關，經常發生血管充血，腹腔內臟尤其顯著，如十二指腸黏膜塗抹片染色可見很多兩端濃染的巴斯德桿菌；小出血點分布極廣，如心、肺、腹部脂肪、小腸黏膜等。心包液和腹腔液增加，肝常有許多小壞死點；在火雞，肺的病變比雞嚴重；在產蛋母雞的卵巢，其成熟卵泡常變白、未成熟卵泡則常呈充血，卵泡破裂使卵黃跑到腹腔的情形亦常見；腸道黏膜血管破裂，可見腸內容物呈巧克力色。

2.慢性：

　　　常為局部感染。病變處常化膿，多發生在呼吸道（包括鼻竇和肺部骨骼）、臉部的水腫。局部感染可包括膝關節、胸骨囊、足掌、腹腔和輸卵管，這些病變處的骨骼腔竇會出現黃色乾酪樣滲出物。

㈥預防與控制

　　預防本病須有效清除帶菌雞鴨，並防止引進帶菌者。買進新的雞鴨，應養在乾淨的隔離禽舍，不和不同品種、不同來源的雞鴨群混養；不讓豬、狗、貓在禽舍亂跑並防止飛鳥水禽靠近。

　　在本病流行地區應作死菌疫苗之免疫注射，種鴨在 6～8 週齡注射一次，經 8～10 週後再注射一次。

　　本病的治療可使用磺胺劑和抗生素，但由於各地區菌株有抗藥性的差異，最好能分離病原菌作藥劑感受性試驗，找出最有效的藥品使用。由於本病的死亡發生相當快速，所以每個鴨場的用藥紀錄都很重要，在還不知道何種藥品最有效之前，應先參考過去的紀錄使用藥品治療。對正在發病之鴨群，可將有效之抗生素加在菌苗內，同時作治療及預防接種，否則停止用藥後有可能再度發病。

9–3–17 雞葡萄球菌症

　　病原性或非病原性葡萄球菌在自然界分布很廣，在健康雞體表或雞舍常有此菌存在。本菌具病原性者會對雞引起皮下膿瘍、水腫性出血性皮膚炎、趾掌腫大、關節炎，嚴重者會導致敗血症。

㈠病因

　　葡萄球菌屬 (*Staphylococcus*) 約有 20 種，常在雞分離到的為金黃色葡萄球菌 (*Staphylococcus aureus*) 及白色表皮葡萄球菌 (*Staphylococcus epidermidis*)。此屬多為革蘭氏陽性菌，因在染色顯微鏡下觀察常有多個球菌聚成葡萄狀而得名。

㈡自然宿主

　　所有禽類都具感受性。

㈢傳播：

本菌以水平傳播為主。因是皮膚常在菌，只有在感染的菌株毒力較強，或者是雞隻體表（包括皮膚及黏膜）受傷、有緊迫因素使雞抵抗力降低時才會發病。

㈣臨床症狀及解剖病變

1.趾掌腫大：

大型的雞因體重較重，腳掌與地面摩擦易受傷，導致本菌侵入傷口造成局部化膿。而籠飼蛋雞的腳掌易受籠子之鐵絲刺傷而化膿腫大，因而被稱為大腳病 (bumblefoot)。

2.關節炎：

有時趾掌感染上行會使膝關節也發炎腫大，有時則是膝關節直接受傷而感染腫大。切開病變處有黃色纖維樣、乾酪樣滲出物。

3.出血性皮膚炎：

在翅膀、頸部、肉垂、腿部、胸部、背側、腳部突然發生水腫性皮膚炎，然後糜爛至潰爛，流出暗紅色如紅葡萄酒樣之滲出液，帶有惡臭。本病發生在中雛較多，但也有不少成雞病例，發生率在 30～90% 左右，不分季節皆會發生，但仍以夏末較多。病程較短，大部分在 2～4 日內，急性者在數小時內會死亡。病理解剖除了皮膚的出血性病變外，在肌肉亦有出血點，在肝則有黃色化膿灶等之變化。

4.敗血症：

如在雞群有緊迫因素，或其他病症共同感染（如雞痘），則上述的局部感染常可演變成急性的敗血症，導致雞群死亡率較高。解剖病變主要有肝及肺的壞死灶、心冠狀溝及心肌的出血點、腺胃出血，產蛋雞卵泡會高度充血。

㈤預防與治療

　　避免密飼、擁擠、相啄、通風換氣不良。因本菌呈常在性，所以發生過本病的雞舍必須徹底水洗及消毒。消毒劑可使用兩性肥皂、來蘇類之普通消毒劑。如發現病雞，應速予淘汰以避免傳播。本病可使用抗生素治療，如能分離細菌後再經藥劑感受性試驗選擇抗生素，給予治療成效較佳。

9-3-18 鴨群潛在殺手——梭狀桿菌

　　革蘭氏陽性、有莢膜、棍棒狀，可形成芽孢、以厭氧性為特徵的梭狀桿菌，常存在於泥土、糞便中，為腐生菌的一種。已知其與肉毒素中毒 (botulism poisoning)、壞死性腸炎 (necrotic enteritis)、潰瘍性腸炎 (ulcerative enteritis) 及壞疽性皮膚炎 (gangrenous dermatitis) 有關，在國內中部地區至少遇到過其中二種。

㈠肉毒素中毒

　　人常因為吃了沒有再蒸煮過的脹氣肉罐頭而中毒死亡，根據國外報告，鴨子也會因為吃下這種毒素而發生所謂的軟曲頸症 (limber neck)，這都是因為肉毒桿菌 (*Clostridium botulinum*) 這種梭狀桿菌遇到適合它發育的厭氧環境，會充分發育並放出毒素，而動物吃到即中毒發病或死亡。

　　多年前颱風過後不久，南部某養魚池有大量的魚死亡，新鮮的死魚運到魚市場賣給家庭主婦，拿回家煮給人吃，結果沒事；但中部某養鴨場買回大部分的死魚打成魚漿，混在飼料中餵鴨。在餵食後數小時，很多的鴨開始有昏睡、衰弱、走路不穩、共濟失調、頸部羽毛上揚易脫落等現象，最後翼、腿、頸完全麻痺而死亡。死亡的鴨隻除了

羽毛易脫落外，其他內臟找不到肉眼可見的病變。

　　根據國外的報告，在秋天這個落葉多的季節，許多葉子飄到池塘，經過好氧性的腐生菌發育、腐化，製造出厭氧的環境，結果梭狀桿菌也跟著大量繁殖，其中若有肉毒桿菌就會分泌出肉毒素，魚吃下肚即會中毒死亡，而這些魚本身就帶有這些毒素，或生前吃進許多該菌的芽孢，在魚開始腐敗時繁殖產生毒素。颱風過後的狀況也很類似，颱風除了會掃落許多樹葉到池塘，也會有很多雨水將泥土裡的芽孢沖到池塘，葉子腐化使這些芽孢發育成梭狀菌，繼而放出毒素。

　　預防中毒的方法其實很簡單，前面不是說過人吃了煮過的死魚都沒事嗎？原因是肉毒素本身是一種蛋白質，煮過之後蛋白質已失去原有的結構狀態，也就是會喪失其原有的毒力。鴨子吃了死魚會中毒，是因為吃的是這些生魚漿，如這些魚漿能略加煮過才給鴨吃，就可預防中毒。就如脹氣的肉罐頭如經煮過，其中所含毒素也會喪失毒力。

㈡潰瘍性腸炎

　　幾年前，在中部某溪河床旁大水池飼養的鴨群在 10 天左右死了一半以上，根據飼主的描述，鴨群剛趕到該水塘時非常活潑，常看到鴨子潛到水底去搶食水裡的青苔，而該水塘之前就養過一批鴨，在 2 週前才賣掉，上一批鴨都很健康，沒什麼死亡。但這次這批鴨在進水塘後 2～3 週即開始看到有鴨子跑出水塘，離群躲到較遠的陰涼處，經 2～3 天不進食而死亡。這些鴨子除了精神差、食慾差之外，還可看到水樣、褐色到黑褐色，或是帶血的下痢。死亡的鴨子經過解剖，以潰瘍性腸炎為特徵，偶爾也可在肝見到針點狀或較大區域的壞死。腸子的潰瘍病灶，整條小腸都可能出現，但以後半段小腸、盲腸、結直腸較嚴重。潰瘍有小區域性（直徑 0.5～1 公分）大小，也有互相聯合成面者，而形成偽膜狀、病變的腸黏膜外觀凹凸不平，很類似米糠和水

黏糊在腸表面，但以水沖洗卻不容易將之沖落，觸感上則有如痂皮堅硬。有些病灶則呈現出血的輪廓，腸內容物則隨病灶的嚴重程度而有深淺不一的血色或暗褐色。

該水塘在這批鴨售完後一個月左右，再次趕入一批新鴨飼養，也是在鴨進入後 3 週左右發生類似的症狀及 50% 左右的死亡率，從病死鴨隻的病灶部位以厭氧培養，結果分離到很純的梭狀桿菌，其菌落極似禽病學課本內所照的肉毒桿菌菌落形態。

從疫情及飼養形態推測可知，當太陽下山後，青苔不行光合作用，會吸收氧氣並放出二氧化碳，因此在水底製造出厭氧環境而使已存在的梭狀菌芽孢開始增殖。白天，青苔行光合作用會吸收二氧化碳並放出氧氣，有可能此菌以芽孢的狀態存在於青苔間，鴨子進入水中爭食青苔，因此健壯者吃了較多青苔，發病就較快。

梭狀桿菌最討人厭的地方就是它在不利的環境下能以芽孢的狀態生存，而芽孢又可抵抗高溫，沸水還燙不死它，必須達到 121 °C 以上才能殺死芽孢；一般的消毒藥水也極難殺死芽孢，所以建議該水塘應該放棄飼養才好。若能在水塘乾掉後，用乾稻草放在池底充分燃燒，或許有機會將芽孢數減到最低程度，否則鴨子如又進入該水塘必將再度遭殃。

枯草菌素 (bacitracin) 對梭狀桿菌有相當的治療效果，但是如果鴨子繼續吃進許多菌的芽孢，無論投予再多的藥，恐怕也無法救鴨子的命吧！

9-3-19 住血原蟲白冠病

㈠病因

　　住血原蟲白冠病是由住血白冠病孢子蟲屬 (*Leucocytozoon*) 的住血原蟲類所引起的疾病。雞的方面已知有 *L. caulleryi*、*L. sabrazesi*、*L. andrewsi* 三種。在臺灣這三種原蟲均已被發現，其中 *L. caulleryi* 引起的損害最為嚴重，也最值得重視。

㈡傳播

　　本病以雞糠蚊為媒介，所以本病的發生與糠蚊出現的季節（3～10月）有密切的關係，在國內每年的 4～6 月最流行。

㈢生活史

　　原蟲在雞體內可分為無性生殖（末梢血液中無法檢視出原蟲）及有性生殖（末梢血液中可以檢視出蟲體），而在糠蚊體內則進行孢子體生殖階段。

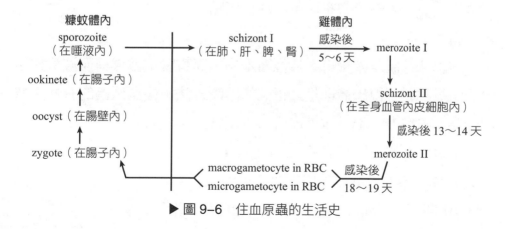

▶ 圖 9-6　住血原蟲的生活史

㈣症狀

病雞臨床症狀大致可分為：

1. 喀血、出血死亡者。

2. 貧血、綠便衰弱死亡者。

3. 貧血、綠便，發育遲緩，軟蛋及產蛋減少或停止。

4. 無特殊症狀。

1 月齡左右的雞會出現第一項和第二項症狀，損失最嚴重；而中、大雞則表現出第三項和第四項症狀。中、大雞單獨感染本病死亡者較少，大多與其他疾病混合感染才導致死亡。

㈤解剖病變

第二代裂殖體 (schizont II) 成熟釋出第二代裂殖子 (merozoite II) 時會引起病雞全身各臟器及組織出血，包括皮下、肌肉、腎、胸腺、心臟、胰、肝、肺等臟器，可見到針尖大或蠶豆大而隆起的點狀出血，或形狀不整的出血斑。重症者可見到腹腔內貯留血液，氣管、嗉囊內有血液存在，鼻腔也會有血液流出的情形。脾腫脹並有灰白色壞死點，卵濾泡出血，輸卵管密布白色或紅色斑點。

㈥診斷

依臨床症狀及剖檢可大致推斷本病，而實驗室做末梢血液塗抹與臟器組織抹片檢視蟲體則是最正確的診斷方法。住血原蟲的有性生殖期分為 I、II、III、IV、V 期如下：

1. I 期：為第二代裂殖子 (merozoite II)。

2. II 期：為剛入紅血球或紅血球母細胞者。

3. III 期：在紅血球或紅血球母細胞內已逐漸發育者。

4. IV 期：在紅血球內形成雌、雄配子體時。

5. V 期：雌性配子體 (macrogametocyte) 與雄性配子體 (microgametocyte)

從紅血球中游離出來，大約有 15 μm，呈圓形或橢圓形的時期。

末梢血液抹片可見到 I、II 期，有時可見到 V 期，臟器組織抹片則可見到 IV 期。

㈦對策

1.對雞糠蚊的處理：

⑴去除雞糠蚊繁殖生存的場所，包括修剪雞舍周圍雜草、消除積水、保持排水溝流暢等，維持環境的乾燥與清潔。

⑵一般通風良好的雞舍，糠蚊也較少出現，因此良好的通風設備是必須的。

⑶雞糠蚊在白天和吸血前後多半會停在雞舍牆壁及柱子等處休息，因此定期噴灑低毒性的殺蟲劑是可行的。

⑷應用雞體表噴灑殺蟲劑，同時在地面灑布藥劑效果也很好。

2.對原蟲的處理：

⑴到目前為止，對於罹患雞住血原蟲性白冠病且已發病的雞，治療並無特效藥，但可投藥預防併發二次感染，病雞群的症狀自然就會減輕，死亡率也會降低。

⑵政府已規定不得將 pyrimethamine 用於飼料添加物來預防白冠病，但蛋雞在 18 週齡前經獸醫師（佐）配方還是可以使用的。

⑶除了 pyrimethamine 外，其他尚可使用之藥劑如下：0.025% sulfadimethoxine or 0.025% sulfamonomethoxine (Diameton)、0.025% sulfamethoxypyridazine、0.02% sulfamethazine、ormetoprim + sulfamonomethoxine。

9-3-20 球蟲病

　　球蟲病 (coccidiosis) 在世界普遍存在，凡是以平飼方式養雞的地方幾乎都有發生，而雞的球蟲病是由艾美球蟲屬 (*Eimeria*) 原蟲寄生所引致的寄生蟲性傳染病，主要以發生頑固性下痢及消瘦等為特徵。通常使雛雞發病，成雞則很少發病。

㈠病原

　　對雞較有致病性的計有：*E. tenella*、*E. mitis*、*E. acervulina*、*E. maxima*、*E. necatrix*、*E. praecox*、*E. hagani*、*E. brunetti* 及 *E. mivati* 等九種，其中以 *E. tenella*、*E. brunetti* 及 *E. necatrix* 等三種病原性最強。

▶ 表 9-8　各種病原的特徵比較

特徵 種類	卵囊			卵囊再生日數	主要寄生部位	病變	病原性
	大小 (μm) 平均	形狀	孢子形成時間 (25°C)				
E. tenella	19.5～26 × 16.5～22.8 19.0 × 22.6	卵丹形	48 小時	7 日	盲腸	增厚、出血點密布	++++
E. mitis	14.3～19.6 × 13.0～17.0 15.5 × 16.2	球形	48 小時	5 日	小腸上部	微細白點	+
E. acervulina	17.7～20.2 × 13.7～16.3 14.3 × 19.5	卵形	21 小時	4 日	小腸上部	微細破點狀白點	+
E. maxima	21.5～42.5 × 16.5～29.8 22.6 × 29.3	卵形	48 小時	6 日	小腸中部	小腸肥厚、白色化黏液多	++
E. necatrix	13.2～22.7 × 11.3～18.3 14.2 × 16.7	長丹形	48 小時	7 日	小腸中部、盲腸	小腸出血、斑點肥厚黏液多	++++

特徵　　種類	卵囊			卵囊再生日數	主要寄生部位	病變	病原性
	大小 (μm) 平均	形狀	孢子形成時間 (25°C)				
E. praecox	19.8～24.7 × 15.7～19.8 17.1 × 21.3	卵形	48 小時	4 日	小腸上部	微細白點	+
E. hagani	15.8～20.9 × 14.3～19.5 17.6 × 19.1	長丹形	21～48 小時	7 日	小腸部	點狀出血 黏液多	++
E. brunetti	20.7～30.3 × 18.1～24.2 21.7 × 26.8	卵形	24～48 小時	5 日	小腸下部	小腸斑點出血 黏液多	+++
E. mivati	11.1～19.9 × 10.5～16.2 13.4 × 15.6	橢圓→卵圓形	12 小時	5 日	小腸上部	小腸點狀出血 黏液多	+

㈡傳播

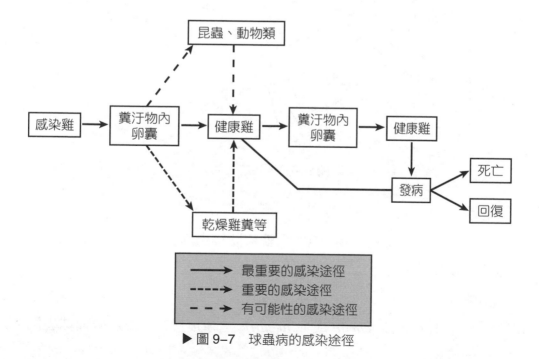

▶ 圖 9-7　球蟲病的感染途徑

㈢**生活史**

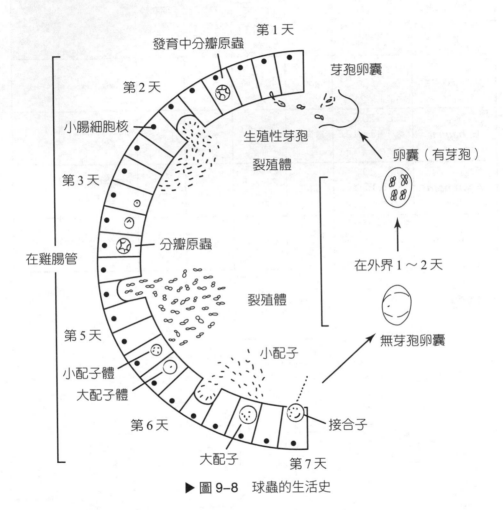

第1天

發育中分瓣原蟲

芽孢卵囊

第2天

生殖性芽孢

小腸細胞核

裂殖體

第3天

卵囊（有芽孢）

在雞腸管

分瓣原蟲

裂殖體

在外界1～2天

第5天

小配子

小配子體

大配子體

無芽孢卵囊

第6天

接合子

大配子

第7天

▶圖9-8　球蟲的生活史

㈣**症狀**

　　症狀方面以發生腸炎為主，而就症狀經過而言，大致可分為急性、亞急性及慢性三種。

　　1.急性：

　　　　主要是 *E. tenella* 或 *E. necatrix* 之重度感染，或這兩種球蟲混合感染。

⑴ *E. tenella*：引起盲腸型球蟲病。潛伏期約 4 天，第 5 天後即會出現血便，而死亡都發生在發病後 1～2 日。若發病後 3 日間尚生存且無細菌等二次感染，雞即可恢復。

⑵ *E. necatrix*：其發病的經過大致相同，但恢復慢。

2.亞急性：

　　　E. tenella 或 *E. necatrix* 較輕度感染時，死亡率在 50% 以下。

3.慢性：

　　　主要是 *E. acervulina*、*E. maxima*、*E. brunetti* 及 *E. mivati* 等之重度感染，這幾種混合感染所引起者完全未見血便，只見到含未消化物的水樣下痢便。病雞幾乎都會出現貧血、體重減輕等症狀，而後慢慢恢復。死亡較少，除非有併發症。

㈤病理變化

1.剖檢：

⑴直腸型球蟲病：盲腸球蟲病之病發極期者，只在盲腸及直腸黏膜內見到密密麻麻的出血點。尤其是盲腸異常腫大，其內充滿血液，末期盲腸內則見多量乳酪狀物質蓄積。

⑵出血性小腸球蟲病：以小腸中央部的病變最顯著，小腸外觀腫脹且潮紅，剪開腸子可見凝血塊或乳酪狀物質。

⑶慢性球蟲病：此種病因感染種類不同，而有不同的寄生部位，腸壁見多數白點或白色條紋或出血點。

2.切片下：

　　可見病變處上皮寄生很多配子體、裂殖子、裂殖體及蟲卵。

㈥診斷

　　急性者可由血便及其他臨床症狀加以診斷。剖檢時刮一些腸壁細胞或取血液放在載玻片上，滴一滴水，用 400 倍鏡檢可見裂殖子、裂

殖體及蟲卵。慢性者可採其糞便放在載玻片上，滴一滴水，用100～200倍鏡檢可見蟲卵。

㈦預防與控制

1.預防：

⑴注意環境衛生，以防止球蟲卵囊的傳播。

⑵使用對球蟲有作用的藥劑。

⑶採取對策使症狀減輕，如添加維生素 A 及 K。

2.治療：

　　主要以磺胺劑為主，如 sulfadimethoxine、sulfamonomethoxine、sulfaquinoxaline 或與 amprolium 併用。

　　亦可用離子型的球蟲藥（monensin、narasin、salinomycin、lasalocid 及 Cygro® 等），但長期飼養的雞最好不要用離子型球蟲藥，因其殺球蟲力強而靜球蟲力弱，無法引發局部性免疫反應。

習　題

1.新城雞瘟為何對國內養雞界造成如此重大之損失？

2.馬立克病對國內哪一種類的雞造成經濟損失？為什麼？

3.試述傳染性華氏囊病的臨床症狀及解剖病變。

4.雞傳染性支氣管炎造成養雞界主要的經濟損失是什麼？

5.試述傳染性喉頭氣管炎的傳播方式。

6.試述雞腦脊髓炎之臨床症狀。

7.試述雞痘的免疫接種方式。如何判定雞群免疫接種是否成功？

8.如何預防鴨病毒性肝炎？

9.試述雛白痢的臨床症狀。

10.如何預防控制慢性呼吸道病？

11.如何預防控制雞傳染性鼻炎？

12.試述家禽霍亂之傳播方式。

◆ 9–4　犬貓傳染病 ◆

　　犬貓之傳染病可包括病毒性、細菌性、血液寄生蟲等，本節以目前臺灣所發生之重要傳染性疾病做一簡介。

9–4–1 犬瘟熱

㈠病因

　　犬瘟熱 (canine distemper, CD) 病毒屬副黏液病毒科中之麻疹病毒屬 (*Moribillivirus*)。病毒大小約 150～250 nm，含單股 RNA，具封套。本病毒與麻疹 (measles) 病毒與牛瘟病毒相近。

㈡宿主

　　除犬之外，狼、狐、小貓熊、貓熊、浣熊皆會感染本病毒。犬品種間以灰狗、哈士奇犬、薩摩耶犬、愛斯基摩犬對本病毒最具感受性。

㈢傳染途徑

　　一般經由口沫與上呼吸道上皮之接觸傳染。一經感染，24 小時內病毒會在組織之巨噬細胞內繁殖，經由局部淋巴至扁桃腺與支氣管淋巴結散播。病毒主要在淋巴器官中增殖，造成體溫上升與白血球減少症 (leucopenia)。而中樞神經之感染則視宿主全身感染之免疫反應程度而定。

㈣症狀

　　犬瘟熱的臨床症狀，端視病毒株之毒力、環境狀況、宿主年齡與免疫狀況而定，超過 50～70% 的犬感染犬瘟熱病毒時無臨床症狀出

現。而臨床症狀有躺臥、食慾降低、發燒與上呼吸道之感染，雙側性、漿液性眼鼻分泌物，逐漸演變為黏液膿樣之分泌物，並且伴有咳嗽與呼吸困難。角膜結膜炎常由全身或潛在性感染發展而來。嘔吐造成沉鬱、厭食，下痢則伴有水樣至帶血與黏液。另有鼻子與腳趾之角質過度增生（硬蹠症）。神經症狀則視病毒侵犯何種部位而呈現不同之神經變化，常見腦膜炎、Chewing gum 式發作、抽搐及眼睛症狀。

㈤預防

　　本病主要依靠疫苗注射來防治，一般幼犬常於 5～8 週齡實施基礎免疫注射，多利用人之麻疹疫苗來免疫，或混合犬瘟熱病毒使用，以避免移行抗體之干擾造成免疫失敗。間隔 3～4 週後，進行第二劑之補強注射，其後每年追加一劑即可。如遇到未食初乳之小狗，必須提早於 2～3 週齡時，實施基礎免疫注射，以免感染本病。

9-4-2 犬小病毒腸炎

㈠病因

　　犬小病毒腸炎 (Canine Parvoviral Enteritis) 主要由小病毒引起，其為不具封套、含單股之 DNA 病毒。與本病毒同屬小病毒的有貓泛白血球症病毒 (feline panleukopenia virus, FPV)、貂腸炎病毒 (mink enteritis virus, MEV) 與犬小病毒 2 型 (CPV-2)。

㈡宿主

　　犬、狐、狼、狸都可感染本病。

㈢傳染途徑

　　主要經由糞便——口腔之途徑傳染。急性發病可排毒超過 10^9 之 $TCID_{50}$ 之病毒量，因此經口很快造成感染。在實驗室中，可經口、

鼻、肌肉、皮下、靜脈注射方式接種感染。本病毒在環境中可存活數天至數月之久，少數感染犬可排毒至 1 年之久。

㈣症狀

1.腸型：

一般發生於 6～20 週齡之幼犬，以急性高燒、嘔吐與下痢為主徵。一般症狀發燒可超過 41 ℃、沉鬱、厭食，甚至死亡。犬小病毒腸炎引致之嘔吐與下痢症狀無法與其他腸炎區別。本病 50% 以上之病例伴有血便出現。如果無其他併發症在一週內可痊癒，但較嚴重或有併發症者，可造成二次性毒血症或併發其他感染症，則需延長治療時間。

2.心臟型：

幼犬罹患此型者經常造成死亡。感染此型之同一窩仔犬，死亡率超過 50% 以上，即使存活下來在臨床上看似正常，但以其心電圖與組織病變來看，仍有心肌炎，將來會造成鬱血性心臟衰竭；經年累月後會有心肌纖維化的結果出現。

㈤預防

一般採行預防注射來防止本病發生。幼犬在 6～8 週齡時實施基礎免疫，爾後每 3～4 週追加注射，持續 2 次，直到幼犬達 16 週齡才停止。但對本病感受性高之品種（如羅威那犬、杜賓犬與比特犬）則需追加注射到犬 18 週齡為止。

9-4-3 犬傳染性肝炎

㈠病因

犬傳染性肝炎 (infectious canine hepatitis, ICH) 由犬腺狀病毒 (canine adenovirus type1, CAV-1) 引起。與其他腺狀病毒類似，可抗拒

環境造成之不活化，並可抵抗氯仿、乙醚、酸與甲醛等化學消毒劑，在紫外線的照射下亦很穩定，不過在 50～60 °C 下只可存活五分鐘。對碘、石炭酸與原碳酸敏感。

㈡宿主

臨床上可感染犬、狐與其他犬科之動物。

㈢感染途徑

自然感染主要經由口鼻傳染而侵入扁桃腺，而後傳播到淋巴結至胸管後，造成病毒血症，再散播至眼睛、肝、腎與其他內皮細胞。

㈣症狀

本病常發生於未滿一歲的狗，但如無預防注射，則所有年齡層之狗皆會感染。甚急性型常於臨床症狀出現後數小時內造成犬隻死亡。急性型可見體溫升高、脈搏與呼吸加快、嘔吐、腹痛與下痢，有時亦伴有出血；另可見腹水或血液蓄積造成腹部膨大與肝腫大，並有出血傾向（如廣泛性針點狀出血），少見黃疸產生；眼睛常有角膜水腫與前葡萄膜炎（藍眼）發生，造成眼睛混濁、青光眼或角膜潰瘍。

㈤預防

本病之預防常於犬 6 週齡時，與犬瘟熱或其他疾病之疫苗混合使用以減少本病之發生。少部分之犬使用本疫苗會發生前葡萄膜炎，尤其以靜脈注射方式使用疫苗時更易產生。本病每年須追加一劑疫苗。

9-4-4 傳染性支氣管炎

㈠病因

引發傳染性支氣管炎 (infectious tracheobronchitis) 的病因包括副流行性感冒病毒 (parainfluenza virus)、博德氏菌 (*B. bronchiseptica*)、黴漿菌等。

㈡症狀

　　單純性之傳染性支氣管炎，以不斷咳嗽之乾咳為主，甚而有噁心之現象；若是併有其他細菌之二次性感染，則咳嗽時除了會伴有黏液分泌外，鼻與眼睛亦會有分泌液。此情形可能會演變成支氣管性肺炎，造成大量死亡。

㈢預防

　　使用疫苗來預防本病，可以減少本病之發生率，但無法完全隔絕本病之發生。一般疫苗以副流行性感冒病毒與博德氏菌和亦會引起呼吸道疾病之犬瘟熱病毒及犬腺狀病毒 2 型二者混合，同時使用來預防原發性之呼吸道疾病。實施預防注射時，必須追加注射才具保護性。如果添加有博德氏菌之疫苗，因含有脂質多醣體，故在注射部位會有紅、腫、痛或膿瘍等副作用。

9–4–5 鉤端螺旋體病 (leptospirosis)

㈠病因

　　鉤端螺旋體病 (leptospirosis) 本病為人畜共通傳染病，主要是由鉤端螺旋菌引起。本菌是薄且能屈的絲狀細菌 (0.1～0.2 × 6～12 μm)。常見造成犬之鉤端螺旋體病的病原菌有 *L. icterohaemorrhagiae*、*L. canicola* 與 *L. grippotyphosa* 三種。

㈡傳染

　　一般以直接接觸、交配和胎盤，咬傷或吃下已汙染之食物而感染。飼養太密集亦會增加本病之傳播。痊癒之犬往後數月至數年會持續排出本菌，而若接觸到受汙染之植物、土壤、食物、水、墊草與其他病媒等則會間接感染。

㈢症狀

臨床症狀主要依感染犬之年齡與免疫力、影響病原菌之環境因素與感染菌之毒力等因素而呈現其輕重。

急性感染特徵，主要是鉤端螺旋菌菌血症會造成死亡。一般症狀有發燒 (39.5～40 ℃)、寒顫、肌肉觸痛、嘔吐、快速脫水、血管陷脫、呼吸緊迫、快速與不規則脈、微血管血流回衝時間變慢。

亞急性感染特徵以發燒、不食、嘔吐、脫水與劇渴為主。全身黏膜出現點狀出血至血斑，結膜炎、鼻炎與扁桃腺炎，經常與咳嗽、呼吸困難同時出現。最後傷害腎臟而造成少尿或無尿，經治療 2～3 週後若未痊癒則將演變成慢性而出現多尿之腎衰竭。另外亞急性亦常出現黃疸症狀，慢性食慾不振、體重降低、腹水、黃疸及肝腦病。

㈣預防

預防本病以清除帶菌者為主，以免持續排菌。另外也應控制犬舍之齧齒類動物，以阻絕細菌存活。對於犬隻之預防注射，於犬 9 週齡以上使用菌苗，經 2～3 週後再追加注射，連續 2～3 劑，才可達保護效果。

9-4-6 狂犬病

㈠病因

狂犬病 (rabies) 病毒屬於桿狀病毒，具封套，為子彈型 RNA 病毒，其大小為 75 × 180 nm，分布各地。

㈡宿主

所有溫血動物都能感染狂犬病，其中狐狸、土狼、胡狼、狼和某些齧齒類動物為最敏感，臭鼬、浣熊、蝙蝠、兔子、牛和某些貓科、

靈貓科動物也具有高度敏感性；狗、綿羊、山羊、馬和非人類靈長類為中度敏感性；所有的鳥類和原始哺乳類（如負鼠）敏感性低。

㈢**感染途徑**

　　狂犬病的感染幾乎都是從患病動物的唾液藉咬傷而傳染給其他動物，病毒主要侵襲神經系統，對人會造成致死性的腦炎。貓的發生比狗多，野生動物為最主要的保毒者。感染到神經系統的症狀潛伏期不定，但通常是 2～8 週。臨床症狀出現前的唾液排毒時間短暫，通常少於 10 天。

㈣**症狀**

　　雖然狂犬病的發病過程多變化，但是症狀通常可分為三期：前驅期、狂躁期和麻痺期。從症狀發作到死亡歷時 3～7 天。

　1.前驅期（2～3 天）：

　　　　此期通常不明顯，但是會有些行為上的變化。可能具有瞳孔放大、眼瞼和角膜反射遲緩、發燒、創口周圍知覺敏感。

　2.狂躁期（2～4 天）：

　　　　中樞神經系統的邊緣系統被侵襲，導致古怪行為的變化，如易怒、不安、亂叫、突發性的攻擊或亂咬所碰觸到的任何東西。不協調、無方向感。

　3.麻痺期（2～4 天）：

　　　　臨床症狀出現後 2～10 天發病，持續 2～4 天，產生進行性的下位神經元麻痺，而有四肢的上行性輕癱或麻痺、喉頭麻痺（吠聲改變、呼吸困難）、咽麻痺（流涎、無法吞嚥）和咬肌麻痺（顎垂下）。從此即進入抑鬱、昏睡和呼吸麻痺，終至死亡。

㈤**預防**

　1.預防注射是控制狂犬病唯一的方法，通常於 3 月齡進行第一次預

防注射，1 年後追加，以後每 1 或 3 年注射 1 次，視廠商疫苗的
推薦使用而定。

2. 不要接觸野生動物。

3. 被疑似患有狂犬病的病犬咬傷應向當地主管機關報告，並將該動
物監禁檢疫或立即撲殺，送往檢疫單位檢查。

4. 據統計人被罹患狂犬病的動物咬傷後有 15% 未處置，一旦發病幾
乎都會死亡。

9-4-7 貓傳染性腹膜炎 (feline infectious peritonitis)

㈠病因

本病病毒為一典型的冠狀病毒，大小為 90～120 nm，含有單股
RNA。其表面具有許多的瓣狀封套突起 (peplomer)，構造形似冠狀，
因此稱為冠狀病毒。此病病毒與豬傳染性胃腸炎病毒、犬冠狀病毒
(canine coronavirus, CCV) 和人氣管炎病毒 229-E 有共同抗原性和血清
交叉反應。此外，與同屬於這一群的貓腸道冠狀病毒亦很類似。

㈡宿主

家貓和野貓都有敏感性，家貓主要發生於年輕貓，而純種貓更容
易發生，這可能是因為純種貓大多飼養於貓舍，或許多貓同時養在屋
子裡而促使本病的發生。本病主要見於 6 月齡～5 歲的貓，而 6 月齡～
2 歲為高發生率，5～13 歲漸減，13～14 歲又見增加。

㈢感染途徑

本病感染機制複雜且不甚明瞭，確切的途徑不是很了解，但一般
認為其自然感染途徑為經由消化道或呼吸道。感染後的貓可經由糞
便、唾液和尿液排毒。

本病感染後以兩種型態出現，第一型引起腹膜炎或胸膜炎，目標組織為腹膜、胸膜和網膜。這些組織一旦受到感染，即會開始發生炎症反應而產生大量液體滲入體腔，因此稱為溼性或瀰漫性腹膜炎；第二型產生肉芽腫，主要發生於局部的實質器官，例如腸繫膜淋巴結、腎臟、葡萄膜、腦膜、室管膜和脊椎。此型只有少量或者沒有滲出液進入體腔，故稱為乾性或非瀰漫性腹膜炎。

㈣臨床症狀

無論是溼性或乾性的貓傳染性腹膜炎，常見的症狀為慢性波狀熱、體重下降、食慾廢絕，最後休克或者死亡。

溼性的臨床症狀所見如上所述，主要侵襲腹腔或胸腔，因此其症狀除慢性波狀熱（39～41 °C，持續 2～5 週）、體重下降和食慾廢絕外，並可見隨著病程發展而有腹圍膨大（產生腹水）、黏膜蒼白、呼吸困難和黃疸的現象。

乾性可見波狀熱、昏睡和體重下降，病程可超過 2～12 週。此外常見腹腔、眼睛和中樞神經的肉芽腫性炎症反應，因此若觸診腹部時，可感覺道腸繫膜淋巴結以及腎臟表面的不規則。或者有時可見感染的貓出現神經症狀。

㈤預防

本病可經由預防注射（安全性和有效性尚在評估）、減少環境緊迫、淘汰陽性感染貓和隔離新進或參展的貓 2～3 週而得到適當的防治。

9-4-8 貓白血病

㈠病因

貓白血病 (feline leukemia) 之病毒是一種外來反轉錄病毒

(retrovirus)， 以前稱為致癌性 RNA 病毒 (oncornavirus)， 大小為 115 nm，含有一蛋白核心及單股的 RNA，具脂蛋白封套。

㈡宿主

本病病毒是目前最常見的貓疾病之一， 會引起嚴重的感染和死亡。其屬於接觸傳染，沒有性別和種別的差異。許多貓被感染後，由於骨髓和免疫系統被抑制而死於貧血或併發其他疾病。

㈢感染途徑

本病病毒普遍存在於唾液、血漿及呼吸道分泌物，主要透過唾液傳染給其他的貓。尿液、糞便和跳蚤似乎並不是它的傳染途徑。因為此病毒在環境中並不穩定，所以需要長時期的直接接觸或者經由互相理毛、舌舐、打架咬傷、共用水槽或便盆才能感染。另外，子宮亦能感染。

㈣症狀

無症狀或是輕微食慾不振、壓抑、間歇性發熱。血液的變化包括白血球減少、嗜中性球減少、血小板減少、β-淋巴球減少和貧血。

除上述所見的臨床症狀外，本病尚有許多綜合症狀的出現：

⑴腫瘤疾病：淋巴瘤、白血病與骨髓增生性疾病、淋巴胚細胞性白血病、紅球性白血病、骨髓性白血病。

⑵骨髓抑制綜合症：貧血、血小板異常、白血球異常。

⑶免疫抑制。

⑷其他與白血病有關的綜合症：免疫複合體疾病、生殖障礙、淋巴腺病和腸炎。

㈤預防

本病的預防與控制主要在於例行性普檢和帶原者的清除：

⑴對所有的貓做白血病的篩檢。

⑵移去所有感染白血病的病貓。

⑶以熱水或消毒劑清潔器皿、便盆、床褥，然後等待 10 天後再進
　住。

⑷防止貓進出貓舍。

⑸第一次篩檢後 12 週，重測所有正在檢疫中的貓以探查有無潛伏
　性感染。

⑹引入新進的貓之前先行普檢。

⑺定期實施預防注射。

9–4–9 貓免疫不全病毒感染症

㈠病因

　　貓免疫不全病毒感染症 (feline immunodeficiency virus infection)
之病毒以前稱為貓的親 T-淋巴球慢病毒 (feline T-lymphotropic
leutivirus)，是最近發現的貓傳染病原之一，屬於反轉錄病毒科
(*Retroviridae*) 的慢病毒屬 (*Lentivirus*)，具有封套，大小為 100～110
nm。本病毒與人和猿猴的免疫不全病毒有許多相似的生物特性，但彼
此之間有種別特異性而不互相傳染。

㈡宿主

　　家貓比純種貓多發，在外面遊蕩的貓為高危險群。公貓的感染率
比母貓高 2～3 倍，平均感染年齡為 5～6 歲。

㈢感染途徑

　　本病似乎經由咬傷傳染，因為已感染的貓會將病毒排入唾液，藉
由咬傷造成的皮膚傷口傳染給其他的貓。臨床上，貓免疫不全症的感
染可分為 5 期：

1. 急性期：感染後幾星期發病，持續大約 4～16 週。

2. 無症狀的帶原期：持續幾個月到幾年。

3. 持續性全身性淋巴腺病。

4. 後天免疫不全症相關的複合症。

5. 末期 ： 同時發生許多疾病以及典型的後天免疫不全症 (acquired immune deficiency syndrome, AIDS) 的機會感染。

㈣臨床症狀

1. 急性期：

感染後 4 週發病，病程持續 4～16 週，可見持續性全身性淋巴腺病、嗜中性球減少症、發燒、精神萎靡、下痢、皮膚表層感染或無。

2. 無症狀帶原期：

感染後發病時間不定，病程持續幾個月到幾年。特徵為不見臨床異常，或無輕度嗜中性球減少症。

3. 持續性全身性淋巴腺病：

感染後發病時間不定，病程持續 2～4 個月，可見全身淋巴球腺病。

4. 後天免疫不全症相關性複合症：

感染後發病時間不定，病程從幾個月到幾年。臨床可見體重下降、慢性下痢、慢性口炎和牙齦炎、慢性呼吸道疾病、慢性皮膚感染、持續性全身性淋巴腺病和血液異常。

5. 末期或後天免疫不全症：

感染後發病時間不定，病程少於一年。臨床可見機會感染、消瘦和許多疾病同時發生，包括神經、眼、腎、免疫或腫瘤疾病。通常罹患此型的貓於 1～6 個月內死亡。

㈤預防

防止本病感染最有效的方法是不要讓貓跑出去自由活動。因為室內的貓不常打架相咬，所以即使有敏感性的貓與受感染的貓同處一室內，感染的可能也不大。咬傷才是傳染本病的主要途徑，因此不像白血病那樣可以有效的經由接觸傳染；而就其危險程度而言，感染貓與非感染貓生活在同一室內的疾病散播比白血病更低。

9-4-10 貓泛白血球減少症

㈠病因

貓泛白血球減少症 (feline panleukopenia, FPL) 由小病毒引起，單股 DNA，六邊形，大小為 22～24 nm，相當穩定，可耐熱 60 °C 達 30 分鐘，但是容易被 1:32 的漂白水不活化。

㈡宿主

本病能使所有的貓科動物發病，未預防注射的幼貓經由初乳獲得的母體抗體可以保護幼貓達 3 個月之久。

㈢感染途徑

易感動物直接接觸病貓或其分泌物可以被感染。本病於活躍期時可以從其各種體液排毒，其尿糞可以排毒達 6 個月之久。本病的感染以二種基本方式出現：

1. 胎兒感染。通常出現於懷孕中期，病毒由母體的循環進入胎兒。
2. 產後感染。通常出現於 6～14 週齡的幼貓，經由口腔感染，其潛伏期為 2～10 天。感染後初始發熱於初期的病毒血症，二次發熱發生於幾天後的白血球下降期間。

㈣臨床症狀

　　貓泛白血球減少症病毒感染可能導致不顯性、急性或亞急性。無臨床症狀的感染可能較常見，尤其是較大的幼貓或成貓。亞急性的特徵是感染後 4～9 天突然死亡，通常發生於幼貓，被感染的貓起初外觀健康無異常，但是幾小時後呈瀕死貌，常被誤診為中毒。不常下痢和嘔吐，然而腹部觸診時，會促發嚴重的腹痛。不見發熱，但是等到臨床症狀出現時休克已深、體溫也下降，因此幾小時內即可能死亡。急性症狀有腹痛、發燒、精神萎靡、食慾不振、含氣泡帶黃色的嘔吐物。腹部觸診如顯示疼痛、有惡臭的水樣痢，不治療的話，病畜很快就會脫水而於 24～96 小時休克死亡。

　　胎兒感染的病程與產後感染者有顯著的不同，胎兒感染會導致小腦皮質中層內的浦金氏細胞被選擇性破壞，以及網膜的小部分破壞。受感染的胎兒可能流產或活產，但是爾後開始走路時會出現特徵性的不協調──伸展過度、動幅障礙和共濟失調。

㈤預防

　　預防注射已被證明可以有效地控制本病，馴化的活毒疫苗能夠對幼貓迅速產生免疫力；死毒疫苗產生免疫力的速度較慢。6～10 週齡開始預防注射，每 3 週施打一次，連續 2～3 劑。

9-4-11 貓疱疹病毒 1 型感染

㈠病因

　　本病毒屬於疱疹病毒 1 型 (feline herpesvirus type-1)，為雙股 DNA 病毒，由 162 個凹陷 10 × 25 nm 的細長殼粒所組成。核內微粒平均 95 nm，漿質內微粒平均 148 nm，細胞外微粒平均 164 nm。本病毒由 23

個蛋白質所組成，其中 6 個是醣蛋白。

　　本病毒與假性狂犬病、牛傳染性鼻氣管炎、馬疱疹病毒 1、2、3、4 型等均無交叉反應性。

㈡宿主

　　本病毒在全世界均有發現，且只感染家貓或野生貓科。

㈢感染途徑

　　外表健康的帶原貓和臨床上活躍性感染的貓是本病的主要感染源。幼貓可以經由子宮內感染，新生的貓或 6～12 週齡的貓於母體免疫喪失後亦很容易感染。

㈣症狀

　　本病病毒主要侵襲結膜、鼻腔和上呼吸道上皮細胞而造成結膜炎、鼻炎、氣管炎、喉炎，其症狀包括噴嚏、咳嗽、流涎、聲音沙啞、漿液或黏液膿性鼻眼分泌物。眼睛受到波及時，會有怕光或半閉眼的現象，此為角膜結膜炎的特徵，是由於感染波及到角膜上皮或急性期時造成角膜潰瘍（疱疹性潰瘍）引起疼痛所致。懷孕期間的感染易造成流產，或產下患有致死性腦炎或局部壞死性肝炎的小貓，這是病毒在胎盤的結合區、子宮血管和尿囊絨毛的感染所致。

㈤預防

　　貓可以注射預防針或從鼻腔給予馴化的病毒，對抗本病的發生，但無論疫苗的型別如何均不可單獨預防本病，因為若是環境惡劣而存在不良的緊迫因素、管理不佳或暴露於感染的因素，均會使疫苗的效用降低。

習　題

1. 敘述犬瘟熱的傳染途徑。

2. 說明犬瘟熱的預防方法。

3. 說明犬小病毒腸炎的臨床症狀。

4. 敘述犬傳染性肝炎的預防。

5. 說明鉤端螺旋體病的傳染方式。

6. 說明鉤端螺旋體病預防時的注意事項。

7. 敘述狂犬病的臨床症狀及如何預防？

8. 敘述貓白血病除了所見的臨床症狀外有哪些綜合症狀？

9. 如何防止貓白血病之發生？

10. 說明貓泛白血球減少症的基本感染方式。

這些寄生生物超下流！

蠱惑螳螂跳水自殺的惡魔是誰？→可怕的心理控制術
等等！身為老鼠怎麼可以挑戰貓！→情緒控制的魔力
別看是雛鳥！我可是天生的殺手！→年幼的可怕殺手
居然有可怕的凶暴喪屍出現！→起死回生的巫毒邪術

淺顯活潑的文字＋生動的情境漫畫＝最有趣的寄生生物科普書

為何這些造成其他生物死亡的事件，卻被稱為父母對孩子極
致的愛呢？

自然界中，雖然不是每種動物的父母親都會細心、耐心的照
顧孩子，陪伴牠們成長，但天底下沒有不愛孩子的父母！為
了孩子而精心挑選宿主對象，難道不是愛嗎？為了讓孩子順
利成長，不惜與體型比自己大上許多的生物搏鬥，難道不算
最極致的愛嗎？

日本暢銷的生物科普書！帶您走進這個下流、狡詐，但又充
滿親情光輝的世界。

作者：成田聰子
譯者：黃詩婷
審訂：黃璧祈

穿越 4.7 億公里的拜訪：
追尋跟著水走的火星生命

NASA 退休科學家—李傑信深耕 40 年所淬煉出的火星之書！
想要追尋火星生命，就必須跟著水走！

★ 古今中外，最完整、最淺顯的火星科普書！

火星為最鄰近地球的行星，自古以來，在人類文明中都扮演
著舉足輕重的地位。這顆火紅的星球乘載著無數人類的幻
想、人類的刀光劍影、人類的夢想、人類的逐夢踏實路程。
前 NASA 科學家李傑信博士，針對火星的前世今生、人類的
火星探測歷史，將最新、最完整的火星資訊精粹成淺顯易懂
的話語，講述這一趟跨越漫長時間、空間的拜訪之旅。您是
否也做好準備，一起來趟穿越 4.7 億公里的拜訪了呢？

作者：李傑信

作者：松本英惠
譯者：陳朕疆

打動人心的色彩科學

暴怒時冒出來的青筋居然是灰色的！？
在收銀台前要注意！有些顏色會讓人衝動購物
一年有 2 億美元營收的 Google 用的是哪種藍色？
男孩之所以不喜歡粉紅色是受大人的影響？
會沉迷於美肌 app 是因為「記憶色」的關係？
道歉記者會時，要穿什麼顏色的西裝才對呢？

你有沒有遇過以下的經驗：突然被路邊的某間店吸引，接著隨手拿起了一個本來沒有要買的商品？曾沒來由地認為一個初次見面的人很好相處？這些情況可能都是你已經在不知不覺中，被顏色所帶來的效果影響了！本書將介紹許多耐人尋味的例子，帶你了解生活中的各種用色策略，讓你對「顏色的力量」有進一步的認識，進而能活用顏色的特性，不再被繽紛的色彩所迷惑。

作者：潘震澤

科學讀書人—— 一個生理學家的筆記

「科學與文學、藝術並無不同，
都是人類最精緻的思想及行動表現。」

★ 第四屆吳大猷科普獎佳作
★ 入圍第二十八屆金鼎獎科學類圖書出版獎
★ 好書雋永，經典再版

科學能如何貼近日常生活呢？這正是身為生理學家的作者所在意的。在實驗室中研究人體運作的奧祕之餘，他也透過淺白的文字與詼諧風趣的筆調，將科學界的重大發現譜成一篇篇生動的故事。讓我們一起翻開生理學家的筆記，探索這個豐富又多彩的科學世界吧！

主編：
高文芳、張祥光

蔚為奇談！宇宙人的天文百科

宇宙人召集令！
24 名來自海島的天文學家齊聚一堂，
接力暢談宇宙大小事！
最「澎湃」的天文 buffet

這是一本在臺灣從事天文研究、教育工作的專家們共同創作的天文科普書，就像「一家一菜」的宇宙人派對，每位專家都端出自己的拿手好菜，帶給你一場豐盛的知識饗宴。這本書一共有 40 個篇章，每篇各自獨立，彼此呼應，可以隨興挑選感興趣的篇目，再找到彼此相關的主題接續閱讀。

作者：
胡立德（David L. Hu）
譯者：羅亞琪
審訂：紀凱容

破解動物忍術 如何水上行走與飛簷走壁？
動物運動與未來的機器人

水黽如何在水上行走？蚊子為什麼不會被雨滴砸死？哺乳動物的排尿時間都是 21 秒？死魚竟然還能夠游泳？

讓搞笑諾貝爾獎得主胡立德告訴你，這些看似怪異荒誕的研究主題也是嚴謹的科學！

★《富比士》雜誌 2018 年 12 本最好的生物類圖書選書
★「2021 台積電盃青年尬科學」科普書籍閱讀寫作競賽
　指定閱讀書目

從亞特蘭大動物園到新加坡的雨林，隨著科學家們上天下地與動物們打交道，探究動物運動背後的原理，從發現問題、設計實驗，直到謎底解開，喊出「啊哈！」的驚喜時刻。想要探討動物排尿的時間得先練習接住狗尿、想要研究飛蛇的滑翔還要先攀登高塔？！意想不到的探索過程有如推理小說般層層推進、精采刺激。還會進一步介紹科學家受到動物運動啟發設計出的各種仿生機器人。

歪打正著的科學意外

有些重大的科學發現是「歪打正著的意外」？！
然而，獨具慧眼的人才能從「意外」窺見新發現的契機。

科學發展並非都是循規蹈矩的過程，事實上很多突破性的發現，都來自於「歪打正著的意外發現」。關於這些「意外」，當然可以歸因於幸運女神心血來潮的青睞，但也不能忘記一點：這樣的青睞也必須仰賴有緣人事前的充足準備，才能從中發現隱藏的驚喜。

本書收錄臺大科學教育發展中心「探索基礎科學講座」的演講內容，先爬梳「意外發現」在科學中的角色，接著介紹科學史上的「意外」案例。透過介紹這些經典的幸運發現，我們可以認知到，科學史上層出不窮的「未知意外」，不僅為科學研究帶來革命與創新，也帶給社會長足進步與變化。

主編：
王道還、高涌泉

國家圖書館出版品預行編目資料

禽畜保健衛生(二上)／謝快樂等著.－－三版一刷.－
－臺北市：東大，2022
　　面；　　公分.－－（TechMore）

　　ISBN 978-957-19-3325-2 （平裝）
　1.獸醫學 2.獸醫公共衛生學

437.2　　　　　　　　　　　　　111007550

Tech More

禽畜保健衛生 (二上)

作　　　者	謝快樂 等
發 行 人	劉仲傑
出 版 者	東大圖書股份有限公司
地　　　址	臺北市復興北路 386 號 (復北門市)
	臺北市重慶南路一段 61 號 (重南門市)
電　　　話	(02)25006600
網　　　址	三民網路書店 https://www.sanmin.com.tw
出版日期	初版一刷 1997 年 10 月
	二版一刷 2016 年 8 月
	三版一刷 2022 年 7 月
書籍編號	E430510
I S B N	978-957-19-3325-2

東大圖書公司